미분적분학

김문희 · 최언숙 지음

KM 경문사

차례

CHAPTER 1

수열과 극한

1.1 수열

■ 수열

수열의 뜻과 일반항에 대하여 알아보자.

다음은 2 에서 시작하여 차례로 2 씩 더하여 얻어지는 짝수를 나열한 것이다.

$$2,\ 4,\ 6,\ 8,\ 10,\ \cdots$$

이와 같이 수를 어떤 규칙에 따라 나열한 것을 **수열**이라 한다.

수열을 이루는 각 수를 그 수열의 항이라 하고

$$a_1, a_2, \cdots, a_n, \cdots$$

으로 나타내고, a_1을 첫째항 또는 제1항, a_2을 둘째항 또는 제2항, a_3을 셋째항 또는 제3항, $\cdots$, a_n을 제n항 또는 일반항이라고 한다. 일반항이 a_n인 수열을 간단히

$$\{a_n\}$$

으로 나타낸다.

예제 1.1 다음 수열의 처음 네 항을 나열하여라.

(1) $a_n = 2n - 1$ (2) $a_n = \dfrac{n}{n+1}$

풀이 (1) $a_1 = 2 \cdot 1 - 1 = 1, \quad a_2 = 2 \cdot 2 - 1 = 3$

$a_3 = 2 \cdot 3 - 1 = 5, \quad a_4 = 2 \cdot 4 - 1 = 9$

(2) $a_1 = \dfrac{1}{1+1} = \dfrac{1}{2}, \quad a_2 = \dfrac{2}{2+1} = \dfrac{2}{3}$

$$a_3 = \frac{3}{3+1} = \frac{3}{4}, \qquad a_4 = \frac{4}{4+1} = \frac{4}{5}$$

문제 1.1 다음 수열의 처음 네 항을 나열하여라.

(1) $a_n = \dfrac{1}{n(n+1)}$ (2) $a_n = 2^n + (-1)^n$

문제 1.2 다음 수열의 일반항 a_n을 구하여라.

(1) $6, 3, 0, -3, \cdots$ (2) $\dfrac{1}{2}, \dfrac{1}{4}, \dfrac{1}{6}, \dfrac{1}{8}, \cdots$

■ 등차수열

수열

$$1, 4, 7, 10, 13, \cdots$$

은 첫째항 1에서 차례로 3을 더하여 만든 수열이다. 이와 같이 어떤 수에 차례로 일정한 수를 더하여 이루어진 수열을 **등차수열**이라 하고, 그 일정한 수를 **공차**라고 한다.

첫째항이 a, 공차가 d인 등차수열은

$a_1 = a$, $a_2 = a + d$, $a_3 = a + 2d$, $\cdots$ 이므로, 제n항 a_n은

$$a_n = a + (n-1)d$$

이다. 그러므로 등차수열의 일반항은 다음과 같다.

정리 1.1

첫째항이 a, 공차가 d인 등차수열의 일반항 a_n은

$$a_n = a + (n-1)d, \quad d = a_{n+1} - a_n \quad (n = 1, 2, 3, \cdots)$$

보기 첫째항이 3이고, 공차가 2인 등차수열의 일반항은

$$a_n = 3 + (n-1)2 = 2n + 1$$

문제 1.3 다음 등차수열의 일반항 a_n을 구하여라.

(1) 1, 5, 9, 13, ⋯ (2) 9, 7, 5, 3, 1, ⋯

(3) 3, 6, 9, 12, ⋯ (4) −6, −1, 4, 9, ⋯

예제 1.2 제3항이 2, 제5항이 16인 등차수열의 일반항을 구하여라.

풀이 첫째항을 a, 공차를 d라 하면

$$a_3 = a + 2d = 2$$
$$a_5 = a + 4d = 16$$

연립하여 풀면

$$d = 7\ ,\ a = -12$$

따라서 구하는 일반항은

$$a_n = a + (n-1)d = -12 + (n-1) \times 7 = 7n - 19$$

문제 1.4 다음 등차수열의 일반항을 구하여라.

(1) 제2항이 3, 제7항이 13 (2) 제5항이 14, 제20항이 −46

문제 1.5 일반항이 다음과 같은 등차수열의 첫째항과 공차를 구하여라.

(1) $a_n = 3n - 5$ (2) $a_n = -7n + 9$

수열 a, b, c가 등차수열이면

$$b - a = c - b$$

이므로 $2b = a + c \qquad \therefore\ b = \dfrac{a+c}{2}$

이때, b를 a와 c의 **등차중항**이라고 한다.

예제 1.3 2와 10 사이에 3개의 수를 넣어 등차수열을 만들려고 한다. 세 수를 구하여라.

풀이 구하는 등차수열의 일반항을 a_n, 공차를 d라고 하면, $a_1 = 2$ 이고

$$a_5 = 2 + (5-1)d = 10$$

$$\therefore\ d = 2$$

$$a_2 = 2+2 = 4,\ a_3 = 2+2\times 2 = 6,\ a_4 = 2+3\times 2 = 8$$

문제 1.6 수열 10, a, b, c, 34가 등차수열을 이룰 때, 세 수 a, b, c를 구하여라.

첫째항 a이고 공차가 d인 등차수열의 제n항이 l일 때 첫째항부터 제n항까지의 합을 S_n이라 할 때, 등차수열의 합은 다음과 같다.

정리 1.2

첫째항이 a, 공차가 d, 제 n항이 l인 등차수열의 제 n항까지의 합을 S_n이라 하면

$$S_n = \frac{n(a+l)}{2} \quad \text{또는} \quad S_n = \frac{n\{2a+(n-1)d\}}{2}$$

증명 첫째항 a이고 공차가 d인 등차수열의 제n항이 l일 때 첫째항부터 제n항까지의 합을 S_n이라 하고,

$$S_n = a + (a+d) + (a+2d) + \cdots + (l-2d) + (l-d) + l$$

이고, 더하는 순서를 거꾸로 하면

$$S_n = l + (l-d) + (l-2d) + \cdots + (a+2d) + (a+d) + a$$

이 두 식을 더하면

$$\begin{aligned} 2S_n &= (a+l) + (a+l) + (a+l) + \cdots + (a+l) \\ &= n(a+l) \\ \therefore\ S_n &= \frac{1}{2}n(a+l) \end{aligned}$$

이 식에 $l = a+(n-1)d$를 대입하면

$$S_n = \frac{n\{2a+(n-1)d\}}{2}$$ ◀

보기 (1) 첫째항 3, 공차 -4인 등차수열의 10항까지의 합은

$$S_{10} = \frac{10\{2 \times 3 + (10-1) \times (-4)\}}{2} = -150$$

(2) 첫째항 20, 제10항이 -7인 등차수열의 첫째항부터 제10항까지의 합은

$$S_{10} = \frac{10\{20 + (-7)\}}{2} = 65$$

문제 1.7 다음 등차수열의 합을 구하여라.

(1) 2, 4, 6, 8, ⋯

(2) 19, 15, 11, ⋯ , -65

(3) 첫째항 7, 공차 2, 항수 33

(4) 첫째항 -5, 공차 3, 항수 15

수열 $\{a_n\}$에서 첫째항부터 제n항까지의 합 S_n과 일반항 a_n 사이의 관계를 알아보자. a_n과 S_n 사이에는 다음 관계가 성립한다.

정리 1.3

수열 $\{a_n\}$에서 일반항 a_n과 합 S_n에 대하여

(1) $a_1 = S_1$

(2) $a_n = S_n - S_{n-1}$ (단, $n = 2, 3, 4, \cdots$)

증명 $S_n = a_1 + a_2 + a_3 + \cdots + a_n$에서

$n = 1$이면, $a_1 = S_1$

$n \geq 2$이면,
$$\begin{aligned} S_n &= (a_1 + a_2 + \cdots + a_{n-1}) + a_n \\ &= S_{n-1} + a_n \end{aligned}$$
$$\therefore\ a_n = S_n - S_{n-1}$$

예제 1.4 첫째항부터 제n항까지의 합이 $S_n = n^2 + 2n$인 수열은 등차수열임을 보이고, 이 수열의 첫째항과 공차를 각각 구하여라.

풀이 이 수열의 제n항을 a_n이라 하자.

$n = 1$일 때, $a_1 = S_1 = 3$

$n \geq 2$일 때,
$$\begin{aligned} a_n &= S_n - S_{n-1} \\ &= n^2 + 2n - \{(n-1)^2 + 2(n-1)\} \\ &= 2n + 1 \end{aligned}$$

따라서 $a_n = 2n+1$ 이므로 첫째항 3, 공차 2인 등차수열이다.

문제 1.8 첫째항부터 제n항까지의 합이 $S_n = 2n^2 + n$ 인 수열은 등차수열임을 보이고, 이 수열의 첫째항과 공차를 각각 구하여라.

■ 등비수열

등비수열의 뜻과 그 일반항을 알아보자.

수열

$$2,\ 4,\ 8,\ 16,\ \cdots$$

은 첫째항 2에 차례로 2를 곱하여 만든 수열이다.

이와 같이 첫째항 a에 일정한 수 r를 곱하여 만든 수열

$$a,\ ar,\ ar^2,\ ar^3,\ \cdots$$

을 **등비수열**이라 하고, 일정한 수 r을 등비수열의 **공비**라 한다.

보기 등비수열 $12,\ -6,\ 3,\ -\frac{3}{2},\ \cdots$ 의 첫째항은 12, 공비는 $-\frac{1}{2}$ 이다.

문제 1.9 다음 등비수열의 첫째항과 공비를 구하여라.

(1) $3,\ 6,\ 12,\ 24,\ \cdots$

(2) $9,\ -3,\ 1,\ -\frac{1}{3},\ \cdots$

일반적으로 첫째항 a, 공비 r인 등비수열의 제n항을 a_n이라 하면

$$a_1 = a,\ \ a_2 = ar,\ \ a_3 = ar^2,\ \ a_4 = ar^3,\ \cdots$$

이므로

$$a_n = ar^{n-1}$$

이다.

이상을 정리하면 다음과 같다.

정리 1.4

첫째항 a, 공비 r인 등비수열의 일반항 a_n은

$$a_n = ar^{n-1}, \quad r = \frac{a_{n+1}}{a_n} \quad (n = 1, 2, 3, \cdots)$$

보기 첫째항 5, 공비 -2인 등비수열의 일반항은 $a_n = 5 \times (-2)^{n-1}$이다.

•문제 1.10 다음 등비수열의 일반항 a_n을 구하여라.

(1) 첫째항 3, 공비 -3

(2) 첫째항 -5, 공비 $\frac{2}{3}$

(3) $-2, 4, -8, 16, \cdots$

(4) $\sqrt{2}, -2, 2\sqrt{2}, \cdots$

예제 1.5 제4항이 -8, 제7항이 64인 등비수열의 일반항을 구하여라.

풀이 첫째항이 a, 공비를 r이라 하면

$$a_4 = ar^3 = -8 \quad \cdots\cdots ①$$

$$a_7 = ar^6 = 64 \quad \cdots\cdots ②$$

②÷① 하면 $r^3 = -8 \quad \therefore r = -2$

이것을 ①에 대입하면 $a = 1$

따라서 구하는 일반항은 $a_n = (-2)^{n-1}$

•문제 1.11 제2항이 9, 제5항이 243인 등비수열의 일반항을 구하여라.

수열 a, b, c가 등비수열을 이룰 때, 그 공비를 r이라 하면

$$b = ar, \quad c = br$$

$$\therefore \frac{b}{a} = \frac{c}{b} = r$$

따라서 $b^2 = ac$이다.

이때, b를 a와 c의 **등비중항**이라고 한다.

예제 1.6 5와 80 사이에 3개의 수를 넣어, 5개의 수 전체가 등비수열이 되도록 하여라.

풀이 첫째항이 5이고, 제5항이 80이므로, 공비를 r이라 하면

$$5r^4 = 80 \text{에서} \quad r^4 = 16$$
$$\therefore\ r = \pm 2$$

따라서 $r = 2$이면, 10, 20, 40

$r = -2$이면, -10, 20, -40

문제 1.12 세 수 2, a, b가 이 순서로 등비수열을 이루고, a, b, 30이 이 순서로 등비수열을 이룰 때, a, b의 값을 구하여라.

첫째항 a, 공비 r, 항수 n인 등비수열의 합을 S_n이라 할 때, 등비수열의 합은 다음과 같다.

정리 1.5

첫째항 a, 공비 r인 등비수열의 제n항까지의 합을 S_n이라 하면

$r = 1$일 때, $S_n = na$

$r \neq 1$일 때, $S_n = \dfrac{a(1-r^n)}{1-r} = \dfrac{a(r^n-1)}{r-1}$

증명 첫째항 a, 공비 r인 등비수열의 제n항까지의 합을 S_n이라 하면

$$S_n = a + ar + ar^2 + \cdots + ar^{n-1} \qquad \cdots\cdots ③$$

$r = 1$이면, ③에서

$$S_n = na$$

$r \neq 1$일 때, ③에서 r을 곱하면

$$rS_n = ar + ar^2 + ar^3 + \cdots + ar^n \qquad \cdots\cdots ④$$

③에서 ④를 빼면

$$(1-r)S_n = a - ar^n = a(1-r^n)$$

$$\therefore \ S_n = \frac{a(1-r^n)}{1-r} = \frac{a(r^n-1)}{r-1}$$ ◀

보기 첫째항 9, 공비가 $-\frac{2}{3}$인 등비수열의 첫째항부터 제4항까지의 합은

$$S_4 = \frac{a(1-r^n)}{1-r} = \frac{9\left[1-\left(-\frac{2}{3}\right)^4\right]}{1-\left(-\frac{2}{3}\right)} = \frac{9\left(1-\frac{16}{81}\right)}{\frac{3}{5}} = \frac{13}{3}$$

문제 1.13 다음 등비수열의 합을 구하여라.

(1) $1-2+4+\cdots-512$

(2) $1-\sqrt{2}+2-2\sqrt{2}+\cdots$ (제10항까지)

예제 1.7 첫째항에서 제n항까지의 합 $S_n = 3^n - 1$인 수열은 등비수열임을 보여라.

풀이 $n=1$일 때, $a_1 = S_1 = 2$

$n \geq 2$일 때, $a_n = S_n - S_{n-1}$

$= (3^n - 1) - (3^{n-1} - 1)$

$= 2 \cdot 3^{n-1}$

따라서 이 수열은 첫째항이 2이고 공비가 3인 등비수열이다.

문제 1.14 첫째항에서 제n항까지의 합 $S_n = \frac{1}{2} - \left(\frac{1}{2}\right)^{n+1}$인 수열은 등비수열임을 보여라.

1.2 수열의 극한

■ 수열의 수렴과 발산

다음 두 수열에서 n이 한없이 커짐에 따라 제n항의 값은 어떻게 변하는지 알아보자.

$$\frac{1}{2},\ -\frac{1}{4},\ \frac{1}{6},\ \cdots,\ (-1)^{n-1}\frac{1}{2n},\ \cdots \qquad \cdots\cdots ⑤$$

$$1+\frac{1}{1},\ 1-\frac{1}{2},\ 1+\frac{1}{3},\ \cdots,\ 1+(-1)^{n-1}\frac{1}{n},\ \cdots \qquad \cdots\cdots ⑥$$

위의 두 수열은 n이 한없이 커질 때, 제n항의 값은 각각 0과 1에 한없이 가까워짐을 알 수 있다. 일반적으로, 무한수열 $\{a_n\}$에서 n이 한없이 커짐에 따라 일반항 a_n값이 일정한 값 a에 한없이 가까워지면, 수열 $\{a_n\}$은 a에 **수렴한다**고 하고, a를 무한수열 $\{a_n\}$의 **극한** 또는 **극한값**이라고 한다. 이것을 기호로

$$\lim_{n\to\infty} a_n = a \qquad \text{또는} \qquad n\to\infty \text{ 일 때 } a_n \to a$$

와 같이 나타낸다.

보기 앞의 두 무한수열 ⑤, ⑥에서

$$\lim_{n\to\infty}(-1)^{n-1}\frac{1}{2n}=0, \qquad \lim_{n\to\infty}\left\{1+\frac{(-1)^{n-1}}{n}\right\}=1$$

이므로 ⑤은 0에, ⑥는 1에 수렴한다.

예제 1.8 무한수열 $1,\ \frac{3}{2},\ \frac{5}{3},\ \frac{7}{4},\ \cdots,\ \frac{2n-1}{n},\ \cdots$의 극한값을 구하여라.

풀이 일반항은 $a_n=\frac{2n-1}{n}=2-\frac{1}{n}$이고, n이 한없이 커질 때, $\frac{1}{n}$은 한없이 0에 가까워진다.

$$\therefore \lim_{n\to\infty}\frac{2n-1}{n}=\lim_{n\to\infty}\left(2-\frac{1}{n}\right)=2$$

문제 1.15 다음 무한수열의 극한값을 구하여라.

(1) $\frac{1}{2}, \frac{2}{3}, \frac{3}{4}, \frac{4}{5}, \cdots, \frac{n}{n+1}, \cdots$ (2) $\frac{3}{1}, \frac{5}{2}, \frac{7}{3}, \frac{9}{4}, \cdots, \frac{2n+1}{n}, \cdots$

(3) $1, \frac{1}{2}, \frac{1}{4}, \frac{1}{8}, \cdots, \left(\frac{1}{2}\right)^{n-1}, \cdots$ (4) $2, \frac{3}{2}, \frac{4}{3}, \frac{5}{4}, \cdots, \frac{n+1}{n}, \cdots$

다음은 수렴하지 않는 무한수열 $\{a_n\}$에 대하여 알아보자.

$$1,\ 2,\ 3,\ 4,\ \cdots,\ n,\ \cdots \qquad \cdots\cdots ⑦$$

$$3-1,\ 3-2,\ 3-2^2,\ \cdots,\ 3-2^{n-1},\ \cdots \qquad \cdots\cdots ⑧$$

n이 한없이 커지면 수열 ⑦의 일반항 a_n의 값은 한없이 커지고, 수열 ⑧의 일반항 a_n의 값은 한없이 작아진다.

따라서 위의 수열 ⑦, ⑧의 경우는 수렴하지 않는다. 이와 같이, 수렴하지 않는 수열을 **발산한다**고 한다.

수열 $\{a_n\}$에서 n이 한없이 커짐에 따라 일반항 a_n이 한없이 커지면 수열 $\{a_n\}$은 양의 무한대로 발산한다고 하고, 이것을 기호로

$$\lim_{n\to\infty} a_n = \infty \quad \text{또는} \quad n\to\infty \text{일 때 } a_n\to\infty$$

와 같이 나타낸다.

한편, 수열 $\{a_n\}$에서 n이 한없이 커짐에 따라, 일반항 a_n이 한없이 작아지면 수열 $\{a_n\}$은 음의 무한대로 발산한다고 하고, 이것을 기호로

$$\lim_{n\to\infty} a_n = -\infty \quad \text{또는} \quad n\to\infty \text{일 때 } a_n\to -\infty$$

와 같이 나타낸다.

보기 앞의 두 무한수열 ⑦, ⑧에서

$$\lim_{n\to\infty} n = \infty, \qquad \lim_{n\to\infty}(3-2^{n-1}) = -\infty$$

이므로 ⑦은 양의 무한대로, ⑧은 음의 무한대로 발산한다.

일반항이 $a_n = (-1)^n$으로 나타내어지는 무한수열은 수렴하지도 않고, 양의 무한대나 음의 무한대로 발산하지도 않는다. 이와 같은 수열은 **진동한다**고 한다.

문제 1.16 다음 수열의 수렴, 발산을 조사하여라.

(1) $\frac{1^2}{2}, \frac{2^2}{4}, \frac{3^2}{6}, \frac{4^2}{8}, \cdots, \frac{n^2}{2n}, \cdots$

(2) $\sin\frac{\pi}{2}, \sin\pi, \sin\frac{3\pi}{2}, \sin 2\pi, \cdots, \sin\frac{n\pi}{2}, \cdots$

■ 극한값의 계산

수렴하는 수열들의 각 항의 실수배, 합, 차, 곱, 몫을 항으로 가지는 수열의 극한값은 다음 성질을 이용하여 구할 수 있다.

정리 1.6

두 수열 $\{a_n\}$, $\{b_n\}$에서 $\lim_{n\to\infty} a_n = \alpha$, $\lim_{n\to\infty} b_n = \beta$ (α, β는 실수)라 하면

(1) $\lim_{n\to\infty} k a_n = k \lim_{n\to\infty} a_n = k\alpha$ (단, k는 상수)

(2) $\lim_{n\to\infty} (a_n + b_n) = \lim_{n\to\infty} a_n + \lim_{n\to\infty} b_n = \alpha + \beta$

(3) $\lim_{n\to\infty} (a_n - b_n) = \lim_{n\to\infty} a_n - \lim_{n\to\infty} b_n = \alpha - \beta$

(4) $\lim_{n\to\infty} a_n b_n = \lim_{n\to\infty} a_n \cdot \lim_{n\to\infty} b_n = \alpha\beta$

(5) $\lim_{n\to\infty} \frac{a_n}{b_n} = \frac{\lim_{n\to\infty} a_n}{\lim_{n\to\infty} b_n} = \frac{\alpha}{\beta}$ (단, $\beta \neq 0$)

보기 (1) $\lim_{n\to\infty}\left(-\frac{2}{n}\right) = -2\lim_{n\to\infty}\frac{1}{n} = -2 \cdot 0 = 0$

(2) $\lim_{n\to\infty}\frac{1}{n^2} = \lim_{n\to\infty}\left(\frac{1}{n}\cdot\frac{1}{n}\right) = \lim_{n\to\infty}\frac{1}{n}\cdot\lim_{n\to\infty}\frac{1}{n} = 0 \cdot 0 = 0$

(3) $\lim_{n\to\infty}\left(2+\frac{1}{n^2}\right) = \lim_{n\to\infty} 2 + \lim_{n\to\infty}\frac{1}{n^2} = \lim_{n\to\infty} 2 + \lim_{n\to\infty}\frac{1}{n}\cdot\lim_{n\to\infty}\frac{1}{n} = 2$

문제 1.17 다음 극한값을 구하여라.

(1) $\lim_{n\to\infty}\left(\frac{3n^2-2n+1}{n^2}\right)$

(2) $\lim_{n\to\infty}\frac{(n+1)(n+2)}{n^2}$

예제 1.9 다음 극한값을 구하여라.

(1) $\lim_{n\to\infty}\frac{-n+1}{2n+5}$ (2) $\lim_{n\to\infty}\frac{n^2+2}{2n^2+n+3}$

풀이 (1) $\frac{\infty}{\infty}$형이므로 분모의 최고차항 n으로 분모, 분자를 나누고, 극한값의 성질을 이용하면

$$\lim_{n\to\infty}\frac{-n+1}{2n+5}=\lim_{n\to\infty}\frac{-1+\frac{1}{n}}{2+\frac{5}{n}}=-\frac{1}{2}$$

(2) $\frac{\infty}{\infty}$형이므로 분모의 최고차항 n^2으로 분모, 분자를 나누고, 극한값의 성질을 이용하면

$$\lim_{n\to\infty}\frac{n^2+2}{2n^2+n+3}=\lim_{n\to\infty}\frac{1+\frac{2}{n^2}}{2+\frac{1}{n}+\frac{3}{n^2}}=\frac{1}{2}$$

문제 1.18 다음 극한값을 구하여라.

(1) $\lim_{n\to\infty}\frac{n^2+3n}{2n-1}$ (2) $\lim_{n\to\infty}\frac{5n+1}{n^2-3n+4}$

(3) $\lim_{n\to\infty}\frac{2n^3+5n}{n^2+1}$ (4) $\lim_{n\to\infty}\frac{n^2+1}{n^3-2n}$

예제 1.10 다음 극한값을 구하여라.

(1) $\lim_{n\to\infty}(\sqrt{n+1}-\sqrt{n})$ (2) $\lim_{n\to\infty}(10n^2-n^3)$

풀이 (1) 분모, 분자가 모두 $\sqrt{\ }$가 있는 $\infty-\infty$형이므로 분모, 분자를 모두 유리화하면

$$\begin{aligned}\sqrt{n+1}-\sqrt{n}&=\frac{(\sqrt{n+1}-\sqrt{n})(\sqrt{n+1}+\sqrt{n})}{\sqrt{n+1}+\sqrt{n}}\\&=\frac{1}{\sqrt{n+1}+\sqrt{n}}\end{aligned}$$

이므로

$$\begin{aligned}\lim_{n\to\infty}(\sqrt{n+1}-\sqrt{n}) &= \lim_{n\to\infty}\frac{1}{\sqrt{n+1}+\sqrt{n}} \\ &= \lim_{n\to\infty}\frac{\frac{1}{n}}{\sqrt{1+\frac{1}{n}}+\sqrt{1}} \\ &= 0\end{aligned}$$

(2) 최고차항인 n^3 으로 묶어내면

$$\lim_{n\to\infty}(10n^2-n^3)=\lim_{n\to\infty}n^3\left(\frac{10}{n}-1\right)=-\infty$$

문제 1.19 다음 극한값을 구하여라.

(1) $\lim_{n\to\infty}(\sqrt{n^2+n}-n)$

(2) $\lim_{n\to\infty}(\sqrt{n+2}-\sqrt{n-2})$

(3) $\lim_{n\to\infty}(n^3-6n)$

(4) $\lim_{n\to\infty}(2+3n^2-n^3)$

■ 무한등비수열의 극한

등비수열의 항이 한없이 계속되는 것을 **무한등비수열**이라고 한다.

무한등비수열 $r, r^2, r^3, \cdots, r^{n-1}, r^n, \cdots$ 의 수렴, 발산을 알아보자.

정리 1.7

무한등비수열 $\{r^n\}$은

(1) $r>1$일 때, $\lim_{n\to\infty} r^n=\infty$

(2) $r=1$일 때, $\lim_{n\to\infty} r^n=1$

(3) $-1<r<1$일 때, $\lim_{n\to\infty} r^n=0$

(4) $r\le -1$일 때, 발산한다.

증명 무한등비수열 $r, r^2, r^3, \cdots, r^{n-1}, r^n, \cdots$ 에서

(1) $r>1$일 때

$r=1+h(h>0)$ 라 놓으면

$$r^n = (1+h)^n \geq (1+nh) \quad (n \geq 1)$$

임을 알 수 있다.

그런데 $\lim_{n\to\infty}(1+nh) = \infty$ 이므로, $\lim_{n\to\infty} r^n = \infty$

(2) $r = 1$일 때

모든 n에 대하여 $r^n = 1$이므로, $\lim_{n\to\infty} r^n = 1$

(3) $-1 < r < 1$일 때

$r = 0$이면, 모든 n에 대하여 $r^n = 0$이므로, $\lim_{n\to\infty} r^n = 0$

$r \neq 0$이면, $\frac{1}{|r|} > 1$이므로, $\lim_{n\to\infty} \frac{1}{|r^n|} = \lim_{n\to\infty}\left(\frac{1}{|r|}\right)^n = \infty$

$\therefore \lim_{n\to\infty} |r^n| = 0$

따라서 $$\lim_{n\to\infty} r^n = 0$$

(4) $r \leq -1$일 때 이 수열은 발산한다. ◀

보기 무한등비수열 $\left\{\left(\frac{2}{3}\right)^n\right\}$은 공비 $r = \frac{2}{3}$, 즉 $-1 < \frac{2}{3} < 1$ 이므로 수렴하고, 극한값은 0 이다.

예제 1.11 다음 극한값을 구하여라.

(1) $\lim_{n\to\infty} \frac{2^n}{3^n - 1}$ (2) $\lim_{n\to\infty}(5^n - 6^n)$

풀이 (1) 일반항의 분모, 분자를 3^n으로 나누면

$$\frac{2^n}{3^n-1} = \frac{\left(\frac{2}{3}\right)^n}{1-\left(\frac{1}{3}\right)^n}$$

여기서, $\lim_{n\to\infty}\left(\frac{2}{3}\right)^n = 0$, $\lim_{n\to\infty}\left(\frac{1}{3}\right)^n = 0$이므로

$$\therefore \lim_{n\to\infty} \frac{2^n}{3^n-1} = \lim_{n\to\infty} \frac{\left(\frac{2}{3}\right)^n}{1-\left(\frac{1}{3}\right)^n} = 0$$

(2) 6^n으로 묶어내면

$$\lim_{n\to\infty}(5^n - 6^n) = \lim_{n\to\infty} 6^n\left\{\left(\frac{5}{6}\right)^n - 1\right\} = -\infty$$

문제 1.20 다음 수열의 수렴, 발산을 조사하여라.

(1) $\left\{\dfrac{4^n}{5^n+3^n}\right\}$ (2) $\{3^n - 2^n\}$

1.3 무한급수

■ 무한급수의 수렴과 발산

무한수열 $\{a_n\}$을

$$a_1 + a_2 + a_3 + \cdots + a_n + \cdots$$

과 같이 각 항을 합의 기호 + 로 연결한 식을 **무한급수**라 하고, 기호 $\sum$를 사용하여 $\sum_{n=1}^{\infty} a_n$과 같이 나타낸다.

무한급수 $\sum_{n=1}^{\infty} a_n$에서 첫째항부터 제n항까지의 합

$$S_n = a_1 + a_2 + a_3 + \cdots + a_n$$

을 이 무한급수의 제n항까지의 **부분합**이라고 한다.

부분합의 수열 $\{S_n\}$을 일반항으로 하는 무한수열

$$S_1,\ S_2,\ S_3,\ \cdots,\ S_n,\ \cdots$$

이 수렴하고, 그 극한값이 S일 때, 즉, $\lim_{n\to\infty} S_n = S$ 일 때 무한급수 $\sum_{n=1}^{\infty} a_n$은 **S에 수렴한다**고 한다. 이때, S를 이 **무한급수의 합**이라 하고, 이것을

$$a_1 + a_2 + a_3 + \cdots + a_n + \cdots = S$$

또는

$$\sum_{n=1}^{\infty} a_n = S$$

로 나타낸다.

$\{S_n\}$이 발산할 때, 무한급수 $\sum_{n=1}^{\infty} a_n$은 발산한다고 한다.

예제 1.12 다음 무한급수의 수렴, 발산을 조사하여라.

(1) $1+2+3+\cdots+n+\cdots$

(2) $1+\dfrac{1}{3}+\dfrac{1}{9}+\cdots+\dfrac{1}{3^{n-1}}+\cdots$

풀이 (1) 주어진 무한급수의 부분합 S_n은

$$S_n = 1+2+3+\cdots+n = \frac{n(n+1)}{2}$$

$$\therefore \lim_{n\to\infty} S_n = \lim_{n\to\infty} \frac{1}{2}n(n+1) = \infty$$

따라서 이 무한급수는 발산한다.

(2) 주어진 무한급수의 부분합 S_n은

$$S_n = 1+\frac{1}{3}+\frac{1}{9}+\cdots+\frac{1}{3^{n-1}} = \frac{1-\left(\frac{1}{3}\right)^n}{1-\frac{1}{3}} = \frac{3}{2}\left\{1-\left(\frac{1}{3}\right)^n\right\}$$

$$\therefore \lim_{n\to\infty} S_n = \lim_{n\to\infty} \frac{3}{2}\left\{1-\left(\frac{1}{3}\right)^n\right\} = \frac{3}{2}$$

따라서 이 무한급수는 $\dfrac{3}{2}$에 수렴한다.

문제 1.21 다음 무한급수의 수렴, 발산을 조사하여라.

(1) $1+(-1)+1+(-1)+\cdots$

(2) $1+\left(\dfrac{1}{2}\right)+\left(\dfrac{1}{2}\right)^2+\left(\dfrac{1}{2}\right)^3+\cdots$

무한급수의 수렴, 발산을 판정하는 방법은 다음과 같다.

정리 1.8

무한급수 $a_1 + a_2 + a_3 + \cdots + a_n + \cdots$ 에 대하여

(1) 무한급수 $\sum_{n=1}^{\infty} a_n$ 이 수렴하면, $\lim_{n\to\infty} a_n = 0$ 이다.

(2) $\lim_{n\to\infty} a_n \neq 0$ 이면 무한급수 $\sum_{n=1}^{\infty} a_n$ 은 발산한다.

증명 (1) 무한급수 $a_1 + a_2 + a_3 + \cdots + a_n + \cdots$ 이 수렴할 때, 이 무한급수의 합을 S, 제n항까지의 부분합을 S_n 이라고 하면

$$\lim_{n\to\infty} S_n = \lim_{n\to\infty} S_{n-1} = S$$

$$S_n - S_{n-1} = a_n \qquad (n \geq 2)$$

이므로

$$\lim_{n\to\infty} a_n = \lim_{n\to\infty} (S_n - S_{n-1}) = \lim_{n\to\infty} S_n - \lim_{n\to\infty} S_{n-1} = S - S = 0$$

따라서 $\lim_{n\to\infty} a_n = 0$ ◀

보기 무한급수 $\frac{1}{2} + \frac{2}{3} + \frac{3}{4} + \cdots + \frac{n}{n+1} + \cdots$ 에 대하여

$$\lim_{n\to\infty} a_n = \lim_{n\to\infty} \frac{n}{n+1} = 1 \neq 0$$

이므로 이 무한급수는 발산한다.

예제 1.13 다음 무한급수의 합을 구하여라.

$$\sum_{k=1}^{\infty} \frac{1}{k(k+1)} = \frac{1}{1\cdot 2} + \frac{1}{2\cdot 3} + \frac{1}{3\cdot 4} + \cdots + \frac{1}{n(n+1)} + \cdots$$

풀이 주어진 무한급수의 부분합 S_n 은

$$S_n = \frac{1}{1\cdot 2} + \frac{1}{2\cdot 3} + \frac{1}{3\cdot 4} + \cdots + \frac{1}{n(n+1)} + \cdots$$

$$= \left(1 - \frac{1}{2}\right) + \left(\frac{1}{2} - \frac{1}{3}\right) + \left(\frac{1}{3} - \frac{1}{4}\right) + \cdots + \left(\frac{1}{n} - \frac{1}{n+1}\right)$$

$$=1-\frac{1}{n+1}$$

$$\therefore \lim_{n\to\infty} S_n = \lim_{n\to\infty}\left(1-\frac{1}{n+1}\right)=1$$

따라서 주어진 무한급수는 1에 수렴한다.

문제 1.22 다음 무한급수의 수렴, 발산을 조사하고, 수렴하면 그 합을 구하여라.

(1) $\sum_{k=1}^{\infty}(\sqrt{k+1}-\sqrt{k})$

(2) $\sum_{k=1}^{\infty}\frac{1}{\sqrt{k+2}+\sqrt{k+1}}$

(3) $1+\frac{1}{1+2}+\frac{1}{1+2+3}+\cdots$

■ 무한등비급수

첫째항이 $a\ (a\neq 0)$, 공비가 r인 등비수열 $\{ar^{n-1}\}$에서 얻어진 급수

$$a,\ ar,\ ar^2,\ ar^3,\ \cdots,\ ar^{n-1}$$

으로 이루어지는 무한급수

$$\sum_{n=1}^{\infty} ar^{n-1} = a+ar+ar^2+ar^3+\cdots+ar^{n-1}+\cdots \qquad \cdots\cdots ⑨$$

을 **무한등비급수**라고 한다. 무한등비급수 ⑨의 수렴, 발산은 다음과 같다.

정리 1.9

$a\neq 0$일 때, 무한등비급수 $a+ar+ar^2+\cdots+ar^{n-1}+\cdots$은

(1) $|r|<1$일 때만 수렴하고, 합을 S라 하면

$$S=\frac{a}{1-r}$$

(2) $|r|\geq 1$일 때는 발산한다.

증명 무한등비급수 $\sum_{n=1}^{\infty} ar^{n-1} = a+ar+ar^2+ar^3+\cdots+ar^{n-1}+\cdots$에서

(a) $r=1$일 때, $S_n=a+a+\cdots+a=na$

따라서, $\lim_{n\to\infty} S_n = \lim_{n\to\infty} na = \pm\infty$이므로 ⑨는 발산한다.

(b) $r \neq 1$일 때,

$$S_n = a + ar + ar^2 + \cdots + ar^{n-1} = \frac{a(1-r^n)}{1-r} = \frac{a}{1-r} - \frac{a}{1-r}r^n$$

(i) $-1 < r < 1$이면, $\lim_{n\to\infty} r^n = 0$이므로

$$\lim_{n\to\infty} S_n = \lim_{n\to\infty}\left(\frac{a}{1-r} - \frac{a}{1-r}r^n\right) = \frac{a}{1-r}$$

따라서 $\frac{a}{1-r}$로 수렴한다.

(ii) $r > 1$이면, $\lim_{n\to\infty} r^n = \infty$이므로 ⑨는 발산한다.

(iii) $r \leq -1$이면, 수열 $\{r^n\}$은 진동하므로 ⑨는 발산한다. ◀

보기 무한등비급수 $1 - \frac{1}{3} + \frac{1}{3^2} - \frac{1}{3^3} + \cdots$ 의 공비는 $r = -\frac{1}{3}$이고, $|r| = \frac{1}{3} < 1$ 이므로 수렴하고 그 합 $S = \frac{a}{1-r} = \frac{1}{1-\left(-\frac{1}{3}\right)} = \frac{3}{4}$이다.

예제 1.14 다음 무한등비급수의 수렴, 발산을 조사하고, 수렴하면 그 합을 구하여라.

(1) $1 + \frac{2}{3} + \frac{4}{9} + \frac{8}{27} + \cdots$

(2) $1 - \frac{3}{2} + \frac{9}{4} - \frac{27}{8} + \cdots$

풀이 (1) 첫째항이 $a = 1$ 이고 공비는 $r = \frac{2}{3}$ 이다. $|r| < 1$이므로 주어진 무한등비급수는 수렴하고, 그 합은

$$S = \frac{a}{1-r} = \frac{1}{1-\frac{2}{3}} = 3$$

(2) 첫째항이 $a = 1$ 이고 공비는 $r = -\frac{3}{2}$ 이다. $|r| \geq 1$이므로 주어진 무한등비급수는 발산한다.

문제 1.23 다음 무한급수의 수렴, 발산을 조사하고, 수렴하면 그 합을 구하여라.

(1) $1+\frac{1}{5}+\frac{1}{5^2}+\frac{1}{5^3}+\cdots$

(2) $1-\frac{1}{\sqrt{2}}+\frac{1}{2}-\frac{1}{2\sqrt{2}}+\cdots$

수렴하는 두 무한급수 $\sum_{n=1}^{\infty}a_n$, $\sum_{n=1}^{\infty}b_n$의 제n항까지의 부분합을 각각 S_n, T_n이라고 하면, 극한값의 성질에 의해

$$\sum_{n=1}^{\infty}(a_n+b_n)=\lim_{n\to\infty}(S_n+T_n)=\lim_{n\to\infty}S_n+\lim_{n\to\infty}T_n=\sum_{n=1}^{\infty}a_n+\sum_{n=1}^{\infty}b_n$$

따라서 무한급수에 대하여 다음이 성립한다.

정리 1.10

무한급수 $\sum_{n=1}^{\infty}a_n$, $\sum_{n=1}^{\infty}b_n$이 수렴하면

(1) $\sum_{n=1}^{\infty}ka_n=k\sum_{n=1}^{\infty}a_n$ (k는 상수)

(2) $\sum_{n=1}^{\infty}(a_n\pm b_n)=\sum_{n=1}^{\infty}a_n\pm\sum_{n=1}^{\infty}b_n$ (복부호 동순)

예제 1.15 무한등비급수 $\sum_{n=1}^{\infty}\frac{2^n-3^n}{5^n}$의 합을 구하여라.

풀이

$$\sum_{n=1}^{\infty}\frac{2^n-3^n}{5^n}=\sum_{n=1}^{\infty}\left(\frac{2}{5}\right)^n-\sum_{n=1}^{\infty}\left(\frac{3}{5}\right)^n=\frac{\frac{2}{5}}{1-\frac{2}{5}}+\frac{\frac{3}{5}}{1-\frac{3}{5}}$$

$$=-\frac{5}{6}$$

문제 1.24 다음 무한급수의 합을 구하여라.

(1) $\sum_{n=1}^{\infty}\frac{4^n+(-3)^n}{5^n}$

(2) $\sum_{n=1}^{\infty}\left(\frac{1}{2^n}+\frac{2^n}{3^n}\right)$

1.4 함수의 극한과 연속

■ 함수의 극한

함수 $y=f(x)$ 에서 x 의 값이 a 에 한없이 가까워질 때, 함숫값 $f(x)$ 는 어떻게 변하는지 알아보자.

함수 $f(x)=x+1$에 대하여 $x=1$일 때, 함수 $f(x)$의 값은 2이다. 또, x가 1이 아닌 값을 가지면서 1에 한없이 가까워지면 함수 $f(x)=x+1$의 값은 2에 한없이 가까워진다. 그러나 함수

$$g(x)=\frac{x^2-1}{x-1}$$

은 $x=1$일 때는 분모가 0이므로 정의되지 않지만 $x\neq1$일 때는

$$g(x)=\frac{x^2-1}{x-1}=\frac{(x-1)(x+1)}{x-1}=x+1$$

이므로, x가 1이 아닌 값을 가지면서 1에 한없이 가까워지면, 함수 $g(x)$의 값은 2에 한없이 가까워진다.

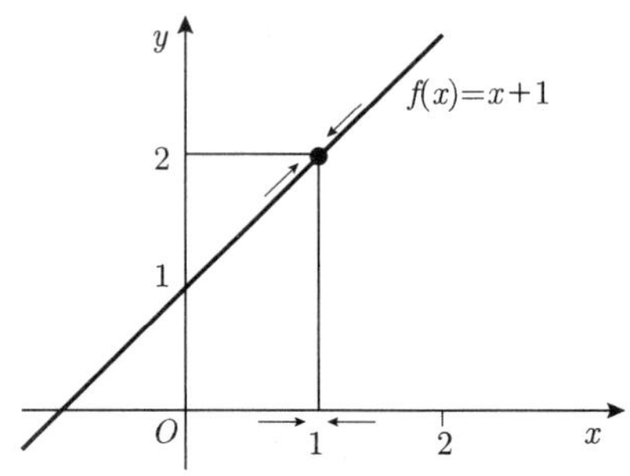

그림 1.1

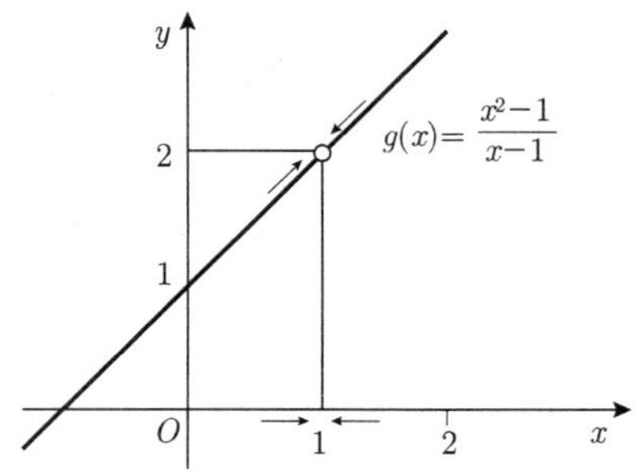

그림 1.2

일반적으로, 함수 $f(x)$에서 x가 a와 다른 값을 가지면서 a에 한없이 가까워질 때, $f(x)$가 일정한 값 α에 한없이 가까워지면 함수 $f(x)$는 α에 수렴한다.

이때, α를 $x\to a$일 때의 함수 $f(x)$의 **극한값** 또는 **극한**이라고 하고, 이것을 기호로

$$\lim_{x\to a}f(x)=\alpha \quad \text{또는} \quad x\to a\text{일 때, } f(x)\to\alpha$$

로 나타낸다. 이를테면, 함수 $f(x)=x+1$, $g(x)=\dfrac{x^2-1}{x-1}$에서

$$\lim_{x\to1}f(x)=\lim_{x\to1}(x+1)=2$$

$$\lim_{x\to1}g(x)=\lim_{x\to1}\frac{x^2-1}{x-1}=2$$

따라서 함수 $g(x)=\dfrac{x^2-1}{x-1}$은 $x=1$에서 정의되지 않아도 $x\to1$일 때, $g(x)$의 극한값이

존재함을 알 수 있다.

보기 (1) 항등함수 $f(x)=x$ 에 대해서는 a가 실수일 때

$$\lim_{x\to a} f(x)=\lim_{x\to a} x=a$$

(2) 상수함수 $f(x)=c$ 에 대해서는 a가 실수일 때

$$\lim_{x\to a} f(x)=\lim_{x\to a} c=c$$

수열의 극한과 마찬가지로 함수의 극한에서도 다음과 같은 성질이 있다.

정리 1.11

$\lim_{x\to a} f(x)=\alpha$, $\lim_{x\to a} g(x)=\beta$일 때

(1) $\lim_{x\to a} kf(x)=k\lim_{x\to a} f(x)=k\alpha$ (단, k는 상수)

(2) $\lim_{x\to a} \{f(x)\pm g(x)\}=\lim_{x\to a} f(x)\pm \lim_{x\to a} g(x)=\alpha\pm\beta$ (복부호 동순)

(3) $\lim_{x\to a} f(x)g(x)=\lim_{x\to a} f(x)\lim_{x\to a} g(x)=\alpha\beta$

(4) $\lim_{x\to a} \dfrac{f(x)}{g(x)}=\dfrac{\lim_{x\to a} f(x)}{\lim_{x\to a} g(x)}=\dfrac{\alpha}{\beta}$ (단, $\beta\neq 0$)

예제 1.16 다음 극한값을 구하여라.

(1) $\lim_{x\to 2} (x^2-1)$

(2) $\lim_{x\to 3} \dfrac{x^3+2x^2-1}{x+2}$

풀이 (1) $\lim_{x\to 2} (x^2-1)=\lim_{x\to 2} x^2-\lim_{x\to 2} 1$ (정리 1.11 (2)에 의하여)

$=\left(\lim_{x\to 2} x\right)\left(\lim_{x\to 2} x\right)-\lim_{x\to 2} 1$ (정리 1.11 (3)에 의하여)

$=2\cdot 2-1=3$

(2) $\lim_{x\to 3} \dfrac{x^3+2x^2-1}{x+2}=\dfrac{\lim_{x\to 3}(x^3+2x^2-1)}{\lim_{x\to 3}(x+2)}$ (정리 1.11 (4)에 의하여)

$$= \frac{\lim_{x\to3} x^3 + 2\lim_{x\to3} x^2 - \lim_{x\to3} 1}{\lim_{x\to3} x + \lim_{x\to3} 2} \quad \text{(정리 1.11 (1), (2)에 의하여)}$$

$$= \frac{3^3 + 2(3)^2 - 1}{3+2}$$

$$= \frac{44}{5}$$

예제 1.17 $\lim_{x\to3} \frac{x^2-9}{x-3}$ 를 구하여라.

풀이 $x \neq 3$일 때, $f(x) = \frac{x^2-9}{x-3} = \frac{(x+3)(x-3)}{x-3}$ 을 얻는다. x가 3에 접근할 때 극한값을 구하는 경우에는 $x \neq 3$ 이므로 $x-3 \neq 0$ 이다. 그러므로 공통인수 $x-3$을 약분할 수 있고 다음과 같이 극한값을 구할 수 있다.

$$\lim_{x\to3} \frac{x^2-9}{x-3} = \lim_{x\to3} \frac{(x+3)(x-3)}{x-3}$$
$$= \lim_{x\to3}(x+3) = 3+3 = 6$$

문제 1.25 다음 극한값을 구하여라.

(1) $\lim_{x\to1}(x^2-2x+3)$

(2) $\lim_{x\to-1} \frac{3x^2+2}{x+5}$

(3) $\lim_{x\to1} \frac{x^2+2x-3}{x^2-1}$

(4) $\lim_{x\to2} \frac{x^3-8}{x-2}$

함수 $f(x)$가 수렴하지 않는 경우에 대하여 알아보자.

$$\lim_{x\to a} f(x) = \infty \quad \text{또는} \quad x\to a \text{일 때, } f(x)\to\infty$$

와 같이 나타낸다. 즉, 함수 $f(x) = \frac{1}{x^2}$에 대하여 $\lim_{x\to0} \frac{1}{x^2} = \infty$ 이다.

함수 $f(x) = \frac{1}{x^2}$에 대하여 x가 0에 한없이 가까워질 때, $f(x)$의 값은 한없이 커짐을 알 수 있다.

이와 같이 함수 $f(x)$에서 $x \to a$일 때, $f(x)$의 값이 한없이 커지면 $f(x)$는 **양의 무한대로 발산한다**고 하고, 이것을 기호로 또한, 함수 $g(x) = -\dfrac{1}{x^2}$에 대하여 x가 0에 한없이 가까워질 때, $g(x)$의 값은 한없이 작아짐을 알 수 있다.

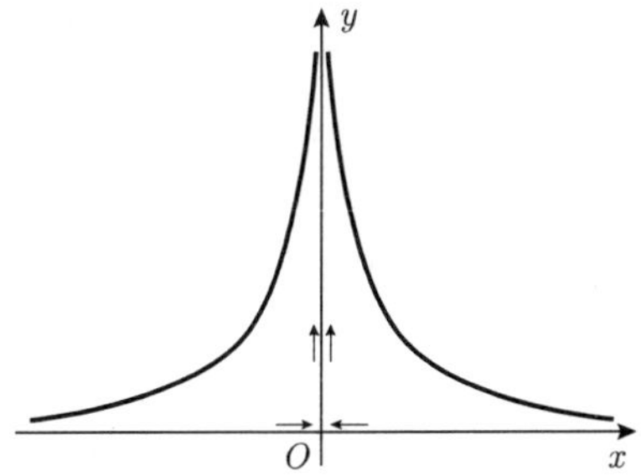

그림 1.3

이와 같이 함수 $g(x)$에서 $x \to a$일 때, $g(x)$의 값이 한없이 작아지면 $g(x)$는 **음의 무한대로 발산한다**고 하고, 이것을 기호로 $\lim\limits_{x \to a} g(x) = -\infty$ 또는 $x \to a$일 때, $g(x) \to -\infty$와 같이 나타낸다. 즉, 함수 $g(x) = -\dfrac{1}{x^2}$에 대하여 $\lim\limits_{x \to 0}\left(-\dfrac{1}{x^2}\right) = -\infty$ 이다.

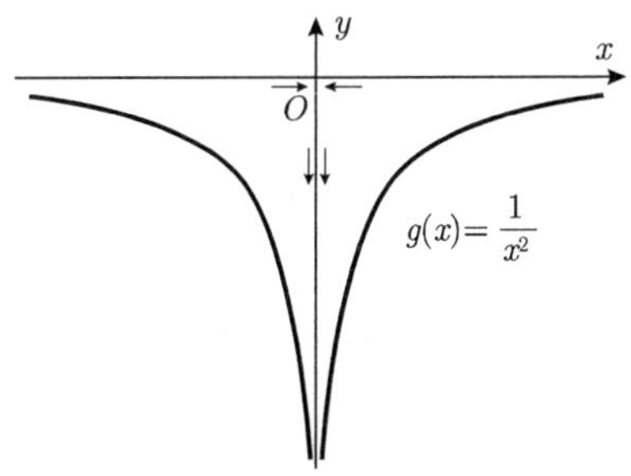

그림 1.4

x가 한없이 커지는 것을 기호로 $x \to \infty$, x가 음수이면서 그 절댓값이 한없이 커지는 것을 기호로 $x \to -\infty$ 와 같이 나타낸다. 이와 같이 함수 $f(x)$에서 $x \to \infty$일 때, 함수 $f(x)$의 값이 일정한 값 α에 한없이 가까워지면 이것을 기호로

$$\lim_{x \to \infty} f(x) = \alpha \text{ 또는 } x \to \infty \text{일 때, } f(x) \to \alpha$$

와 같이 나타낸다. 또, 함수 $f(x)$에서 $x \to -\infty$일 때, 함수 $f(x)$의 값이 일정한 값 α에 한없이 가까워지면 이것을 기호로

$$\lim_{x \to -\infty} f(x) = \alpha \text{ 또는 } x \to -\infty \text{일 때, } f(x) \to \alpha$$

와 같이 나타낸다.

보기 함수 $f(x) = \dfrac{1}{x}$에 대하여

$x \to \infty$일 때, $f(x) \to 0$

$x \to -\infty$일 때, $f(x) \to 0$

이다. 즉,

$$\lim_{x \to \infty} \frac{1}{x} = 0, \quad \lim_{x \to -\infty} \frac{1}{x} = 0.$$

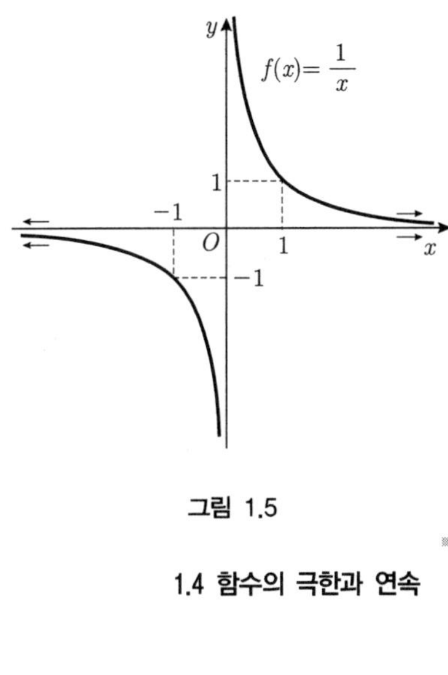

그림 1.5

문제 1.26 다음 극한값을 구하여라.

(1) $\lim_{x\to 1}\dfrac{1}{(x-1)^2}$ (2) $\lim_{x\to 1}\left\{-\dfrac{1}{(x-1)^2}\right\}$

(3) $\lim_{x\to\infty}\left(1+\dfrac{1}{x+1}\right)$ (4) $\lim_{x\to -\infty}\left(1+\dfrac{1}{x+1}\right)$

우극한과 좌극한에 대하여 알아보자.

함수 $f(x)$에서 x가 a보다 큰 값을 가지면서 a에 한없이 가까워질 때, $f(x)$가 α에 한없이 가까워지면 α를 $x=a$에서의 $f(x)$의 **우극한**이라 하고,

$$\lim_{x\to a+} f(x)=\alpha \quad \text{또는} \quad x\to a+\text{일 때, } f(x)\to\alpha$$

로 나타낸다.

또, 함수 $f(x)$에서 x가 a보다 작은 값을 가지면서 a에 한없이 가까워질 때, $f(x)$가 β에 한없이 가까워지면 β를 $x=a$에서의 $f(x)$의 **좌극한**이라 하고,

$$\lim_{x\to a-} f(x)=\beta \quad \text{또는} \quad x\to a-\text{일 때, } f(x)\to\beta$$

로 나타낸다.

보기 함수 $f(x)=\dfrac{|x|}{x}$에서

$x>0$이면, $f(x)=\dfrac{|x|}{x}=\dfrac{x}{x}=1$

$x<0$이면, $f(x)=\dfrac{|x|}{x}=-\dfrac{x}{x}=-1$

이므로, $\lim_{x\to 0+}\dfrac{|x|}{x}=1$, $\lim_{x\to 0-}\dfrac{|x|}{x}=-1$

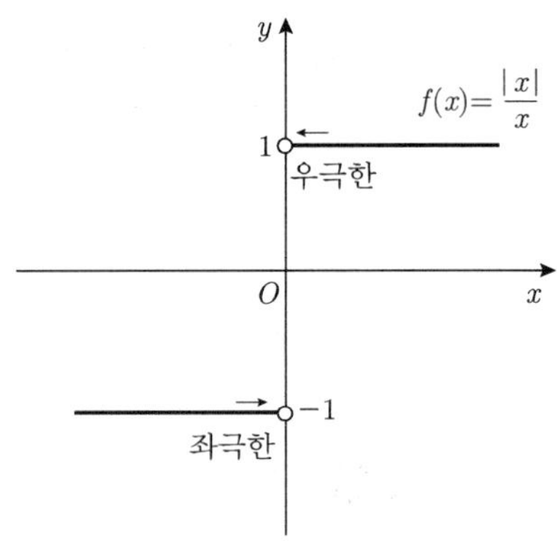

그림 1.6

일반적으로, 우극한과 좌극한이 일치할 때, 함수 $f(x)$의 **극한값이 존재한다**고 한다. 즉,

$$\lim_{x\to a} f(x)=\alpha \iff \lim_{x\to a+} f(x)=\lim_{x\to a-} f(x)=\alpha$$

따라서 $\lim_{x\to a+} f(x)\neq \lim_{x\to a-} f(x)$일 때에는 함수 $f(x)$의 $x=a$에서의 극한값 $\lim_{x\to a} f(x)$이

존재하지 않는다.

보기 함수 $f(x)=\frac{|x|}{x}$에서 $\lim_{x\to 0+}\frac{|x|}{x}=1$, $\lim_{x\to 0-}\frac{|x|}{x}=-1$이므로 극한값 $\lim_{x\to 0}\frac{|x|}{x}$은 존재하지 않는다.

문제 1.27 다음 극한값을 구하여라.

(1) $\lim_{x\to -1+}\frac{|x+1|}{x+1}$ (2) $\lim_{x\to -1-}\frac{|x+1|}{x+1}$

■ 부정형의 극한

$x\to a$일 때, 함수 $\frac{f(x)}{g(x)}$, $f(x)\times g(x)$, $f(x)-g(x)$가

$$\frac{0}{0},\ \frac{\infty}{\infty},\ \infty\times 0,\ \infty-\infty$$

와 같은 꼴이 되는 경우에는 주어진 식을 변형하여 극한값을 구한다.

예제 1.18 다음 극한값을 구하여라.

(1) $\lim_{x\to 1}\frac{x^3-1}{x-1}$ (2) $\lim_{x\to -1}\frac{\sqrt{x+2}-1}{x+1}$

풀이 (1)
$$\begin{aligned}\lim_{x\to 1}\frac{x^3-1}{x-1}&=\lim_{x\to 1}\frac{(x-1)(x^2+x+1)}{x-1}\\&=\lim_{x\to 1}(x^2+x+1)\\&=3\end{aligned}$$

(2)
$$\begin{aligned}\lim_{x\to -1}\frac{\sqrt{x+2}-1}{x+1}&=\lim_{x\to -1}\frac{(\sqrt{x+2}-1)(\sqrt{x+2}+1)}{(x+1)(\sqrt{x+2}+1)}\\&=\lim_{x\to -1}\frac{x+1}{(x+1)(\sqrt{x+2}+1)}\\&=\lim_{x\to -1}\frac{1}{\sqrt{x+2}+1}\\&=\frac{1}{2}\end{aligned}$$

문제 1.28 다음 극한값을 구하여라.

(1) $\lim_{x\to 2}\frac{x^2-4}{x-2}$

(2) $\lim_{x\to 1}\frac{x^2+x-2}{x^2-1}$

(3) $\lim_{x\to 0}\frac{\sqrt{x+1}-1}{x}$

(4) $\lim_{x\to 4}\frac{\sqrt{x}-2}{x-4}$

예제 1.19 다음 극한값을 구하여라.

(1) $\lim_{x\to\infty}\frac{x^2+x+2}{2x^2+3}$

(2) $\lim_{x\to\infty}\frac{2x^2+3x-1}{x^2+1}$

풀이 (1) 분모와 분자를 x^2 으로 나누면

$$\lim_{x\to\infty}\frac{x^2+x+2}{2x^2+3}=\lim_{x\to\infty}\frac{1+\frac{1}{x}+\frac{2}{x^2}}{2+\frac{3}{x^2}}=\frac{1}{2}$$

(2) 분모와 분자를 x^2 으로 나누면

$$\lim_{x\to\infty}\frac{2x^2+3x-1}{x^2+1}=\lim_{x\to\infty}\frac{2+\frac{3}{x}-\frac{1}{x^2}}{1+\frac{1}{x^2}}=2$$

문제 1.29 다음 극한값을 구하여라.

(1) $\lim_{x\to\infty}\frac{-3x+1}{x^2+2}$

(2) $\lim_{x\to\infty}\frac{x^2-x+3}{3x^2+1}$

(3) $\lim_{x\to\infty}\frac{2x^3+x+3}{3x^3-2x^2+1}$

(4) $\lim_{x\to\infty}\frac{3x^2-4x+1}{2x^3+2}$

예제 1.20 다음 극한값을 구하여라.

(1) $\lim_{x\to-\infty}(x^3+2x^2-x+10)$

(2) $\lim_{x\to\infty}(\sqrt{x^2+x}-x)$

풀이 (1) $\lim_{x\to-\infty}(x^3+2x^2-x+10)=\lim_{x\to-\infty}x^3\left(1+\frac{2}{x}-\frac{1}{x^2}+\frac{10}{x^3}\right)$

$$= \lim_{x \to -\infty} x^3 \cdot \lim_{x \to -\infty} \left(1 + \frac{2}{x} - \frac{1}{x^2} + \frac{10}{x^3}\right)$$

$$= -\infty \cdot 1 = -\infty$$

(2) $$\lim_{x \to \infty}(\sqrt{x^2+x}-x) = \lim_{x \to \infty} \frac{(\sqrt{x^2+x}-x)(\sqrt{x^2+x}+x)}{\sqrt{x^2+x}+x}$$

$$= \lim_{x \to \infty} \frac{x}{\sqrt{x^2+x}+x}$$

$$= \lim_{x \to \infty} \frac{1}{\sqrt{1+\frac{1}{x}}+1} = \frac{1}{2}$$

문제 1.30 다음 극한값을 구하여라.

(1) $\lim_{x \to \infty}(x^3 - 3x^2 - 5x)$ (2) $\lim_{x \to -\infty}(3x^2 + 2x - 5)$

(3) $\lim_{x \to \infty}(\sqrt{x^2-1}-x)$ (4) $\lim_{x \to \infty}\left(\sqrt{x^2-3x}-x\right)$

함수의 극한에서 $\lim_{x \to a} \frac{f(x)}{g(x)} = \alpha$(단, α는 일정한 값)이고 $\lim_{x \to a} g(x) = 0$이면 극한값이 존재하기 위해서 반드시 분자도 $\lim_{x \to a} f(x) = 0$ 이어야 한다.

예제 1.21 다음 등식이 성립하도록 상수 a, b의 값을 정하여라.

$$\lim_{x \to 1} \frac{a\sqrt{x}+b}{x-1} = 2$$

풀이 $\lim_{x \to 1} \frac{a\sqrt{x}+b}{x-1} = 2$이고 $\lim_{x \to 1}(x-1) = 0$이므로

$$\lim_{x \to 1}(a\sqrt{x}+b) = 0$$

$$\therefore\ a + b = 0$$

즉, $$b = -a \qquad \cdots\cdots ⑩$$

⑩을 주어진 식에 대입하면

$$\lim_{x \to 1} \frac{a\sqrt{x}+b}{x-1} = \lim_{x \to 1} \frac{a\sqrt{x}-a}{x-1}$$

$$= \lim_{x\to1}\frac{a(\sqrt{x}-1)}{(\sqrt{x}+1)(\sqrt{x}-1)} = \lim_{x\to1}\frac{a}{\sqrt{x}+1} = \frac{a}{2}$$

따라서 $\frac{a}{2} = 2$ 에서

$$a = 4 \qquad \cdots\cdots ⑪$$

⑪을 ⑩에 대입하면 $b = -4$

문제 1.31 다음 등식이 성립하도록 상수 a, b의 값을 정하여라.

(1) $\lim_{x\to1}\frac{x^2+ax+b}{x-1} = 3$

(2) $\lim_{x\to2}\frac{x^2+ax+2}{2x^2-7x+6} = b$

(3) $\lim_{x\to2}\frac{x^2-4}{x^2+ax+b} = \frac{1}{2}$

(4) $\lim_{x\to1}\frac{a\sqrt{x+1}-b}{x-1} = \sqrt{2}$

다음 정리에서와 같이 함수의 대소 관계를 비교하여 함수의 극한값을 구할 수도 있다.

정리 1.12

$x = a$ 근방에서

(1) $f(x) \le g(x)$이고, $\lim_{x\to a}f(x) = \alpha$, $\lim_{x\to a}g(x) = \beta$이면

$$\alpha \le \beta$$

(2) $f(x) \le h(x) \le g(x)$이고, $\lim_{x\to a}f(x) = \lim_{x\to a}g(x) = \alpha$이면

$$\lim_{x\to a}h(x) = \alpha$$

예제 1.22 극한값 $\lim_{x\to0} x\sin\frac{1}{x}$을 구하여라.

풀이 $x \ne 0$ 인 모든 실수 x에 대하여

$$-1 \le \sin\frac{1}{x} \le 1$$

이므로

$$0 \le \left|\sin\frac{1}{x}\right| \le 1$$

$$\therefore\ 0 \le \left|x\sin\frac{1}{x}\right| = |x|\left|\sin\frac{1}{x}\right| \le |x|$$

$$\therefore\ -|x| \le x\sin\frac{1}{x} \le |x|$$

그런데 $\lim_{x\to0}|x| = \lim_{x\to0}(-|x|) = 0$ 이므로

정리 1.12(2)에 의하여

$$\lim_{x\to0} x\sin\frac{1}{x} = 0$$

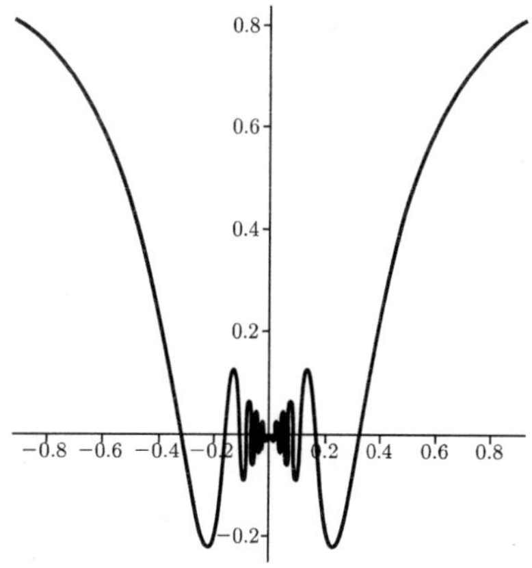

그림 1.7 $f(x) = x\sin\frac{1}{x}$

•문제 1.32 극한값 $\lim_{x\to0} x\cos\frac{1}{x}$ 을 구하여라.

■ 함수의 연속

함수 $f(x)$의 그래프가 주어졌을 때 $x=a$에서 끊어져 있는지, 연결되어 있는지를 구분하는 것은 어려운 일이 아니다. 그러나 함수 $f(x)$의 그래프를 그리지 않고 $x=a$에서 그래프가 연결되어 있는지를 판단해야 할 경우도 있다.

예를 들어, 함수 $f(x)$를

$$f(x) = \begin{cases} \dfrac{x^2-1}{x-1} & (x \ne 1) \\ 1 & (x = 1) \end{cases}$$

라 하면 이 함수의 그래프는 오른쪽 그림과 같이 $x=1$에서 연결되어 있지 않다.

이때, $\lim_{x\to1} f(x) = 2,\ f(1) = 1$ 이므로

$$\lim_{x\to1} f(x) \ne f(1)$$

이다. 그러나 함수

$$g(x) = \begin{cases} \dfrac{x^2-1}{x-1} & (x \ne 1) \\ 2 & (x = 1) \end{cases}$$

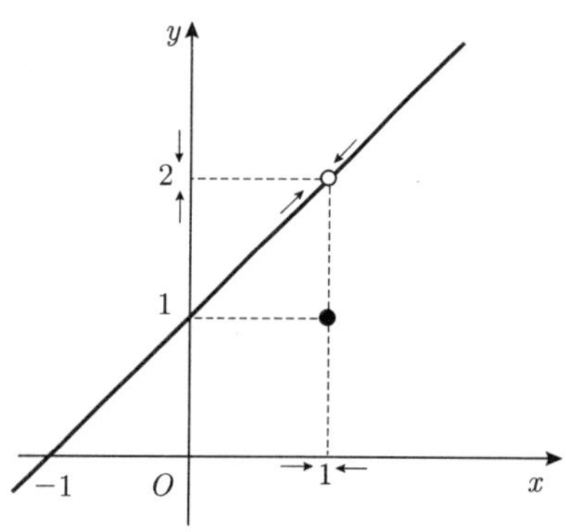

그림 1.8

라 하면 이 함수의 그래프는 오른쪽 그림과 같이 $x=1$에서 연결되어 있다.

이때, $\lim_{x\to 1} g(x)=2$, $g(1)=2$ 이므로

$$\lim_{x\to 1} g(x)=g(1)$$

이다.

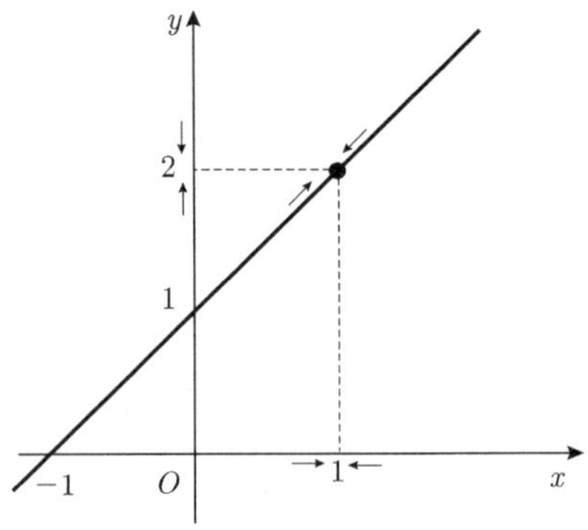

그림 1.9

일반적으로, 함수 $y=f(x)$가 다음 세 조건을 모두 만족하면 함수 $f(x)$는 $x=a$에서 **연속**이라고 한다.

---

(1) $f(a)$가 존재한다.

(2) $\lim_{x\to a} f(x)$가 존재한다.

(3) $\lim_{x\to a} f(x)=f(a)$

함수 $f(x)$가 어떤 구간의 모든 점에서 연속이면, $f(x)$는 그 구간에서 **연속** 또는 **연속함수**라고 한다. 함수 $f(x)$가 $x=a$에서 연속이 아니면, $f(x)$는 $x=a$에서 **불연속**이라고 한다.

보기 다음 두 함수 $f(x)$, $g(x)$에 대하여

$$f(x)=\begin{cases} \dfrac{x^2+x}{x} & (x\neq 0) \\ 2 & (x=0) \end{cases}, \quad g(x)=\begin{cases} \dfrac{x^2+x}{x} & (x\neq 0) \\ 1 & (x=0) \end{cases}$$

(1) $f(0)=2$, $\lim_{x\to 0} f(x)=\lim_{x\to 0}\dfrac{x(x+1)}{x}=\lim_{x\to 0}(x+1)=1$ 이므로

$$\lim_{x\to 0} f(x)\neq f(0)$$

따라서, $f(x)$는 $x=0$에서 불연속이다.

(2) $g(0)=1$, $\lim_{x\to 0} g(x)=\lim_{x\to 0}\dfrac{x(x+1)}{x}=\lim_{x\to 0}(x+1)=1$ 이므로

$$\lim_{x\to 0} g(x)=g(0)$$

따라서 $g(x)$는 $x=0$에서 연속이다.

문제 1.33 다음 함수는 $x=0$에서 연속인가?

(1) $f(x)=2x^2+1$ (2) $f(x)=\dfrac{1}{x}$

(3) $f(x)=\dfrac{|x|}{x}$ (4) $f(x)=\dfrac{1}{\sqrt{x+1}}$

연속함수의 성질에 대하여 알아보자.

정리 1.13

함수 $y=f(x)$와 $y=g(x)$가 $x=a$에서 연속이면 다음 함수도 $x=a$에서 연속이다.

(1) $kf(x)$ (단, k는 상수) (2) $f(x)+g(x)$ (3) $f(x)-g(x)$

(4) $f(x)g(x)$ (5) $\dfrac{f(x)}{g(x)}$ (단, $g(a)\neq 0$)

증명 함수 $y=f(x)$와 $y=g(x)$가 각각 $x=a$에서 연속이면

$$\lim_{x\to a}f(x)=f(a),\quad \lim_{x\to a}g(x)=g(a)$$

이므로 함수의 극한의 성질에 의하여

$$\lim_{x\to a}kf(x)=k\lim_{x\to a}f(x)=kf(a)\qquad (\text{단, } k\text{는 상수})$$

$$\lim_{x\to a}\{f(x)+g(x)\}=\lim_{x\to a}f(x)+\lim_{x\to a}g(x)=f(a)+g(a)$$

$$\lim_{x\to a}\{f(x)-g(x)\}=\lim_{x\to a}f(x)-\lim_{x\to a}g(x)=f(a)-g(a)$$

$$\lim_{x\to a}f(x)g(x)=\lim_{x\to a}f(x)\lim_{x\to a}g(x)=f(a)g(a)$$

$$\lim_{x\to a}\frac{f(x)}{g(x)}=\frac{\lim_{x\to a}f(x)}{\lim_{x\to a}g(x)}=\frac{f(a)}{g(a)}\qquad (\text{단, } g(a)\neq 0)$$

이다. 따라서 함수 $kf(x)$, $f(x)+g(x)$, $f(x)-g(x)$, $f(x)g(x)$, $\dfrac{f(x)}{g(x)}$도 $x=a$에서 연속이다. ◀

|참고| 다항함수

$$f(x)=a_nx^n+a_{n-1}x^{n-1}+\cdots+a_1x+a_0 \qquad (a_n, a_{n-1}, \cdots, a_1, a_0 \text{ 는 상수})$$

는 모든 실수에서 연속이다.

예제 1.23 함수

$$f(x)=\begin{cases} \dfrac{ax^2+bx+1}{x+1} & (x\neq -1) \\ 2 & (x=-1) \end{cases}$$

가 모든 실수에서 연속일 때, 상수 a, b의 값을 구하여라.

풀이 $f(x)$가 $x=-1$에서 연속이므로 $\lim_{x\to -1}\dfrac{ax^2+bx+1}{x+1}=2$이다.

그런데 $x\to -1$일 때 $\lim_{x\to -1}(x+1)=0$이므로

$$\lim_{x\to -1}(ax^2+bx+1)=0$$

$$\therefore\ a-b+1=0$$

$$\therefore\ b=a+1 \qquad \cdots\cdots ⑫$$

⑫를 주어진 식에 대입하면

$$\begin{aligned}\lim_{x\to -1}\frac{ax^2+bx+1}{x+1} &= \lim_{x\to -1}\frac{ax^2+(a+1)x+1}{x+1} \\ &= \lim_{x\to -1}\frac{(x+1)(ax+1)}{x+1} \\ &= \lim_{x\to -1}(ax+1) \\ &= -a+1\end{aligned}$$

$x=-1$에서 연속이므로 $-a+1=2$

$$\therefore\ a=-1$$

⑫에 대입하면 $b=0$

문제 1.34 함수 $f(x)=\begin{cases} \dfrac{x^2+ax+b}{x-1} & (x\neq 1) \\ 3 & (x=1) \end{cases}$ 가 모든 실수에서 연속일 때, 상수 a, b의 값을 구하여라.

일반적으로 연속함수에 대하여 다음과 같은 **최대 · 최소의 정리**가 성립한다.

정리 1.14

함수 $f(x)$가 폐구간 $[a, b]$에서 연속이면 $f(x)$는 이 구간에서 반드시 최댓값과 최솟값을 갖는다.

보기 폐구간 $[1, 2]$에서 연속인 함수 $f(x) = 2x + 1$는 $x = 1$에서 최솟값 3, $x = 2$에서 최댓값 5를 갖는다.

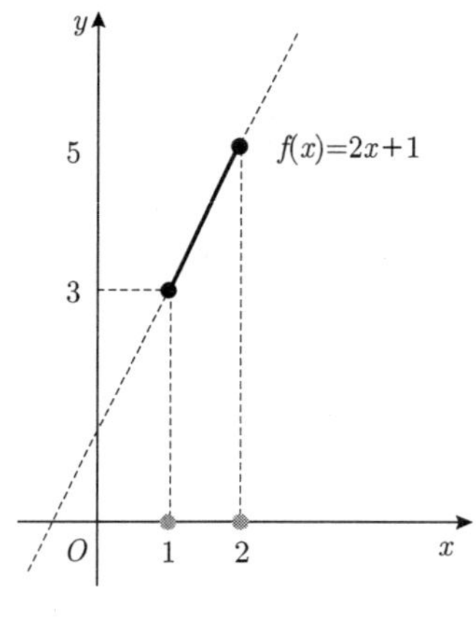

그림 1.10

•문제 1.35 주어진 구간에서 다음 함수의 최댓값과 최솟값을 구하여라.

(1) $f(x) = -x^2 + 4x$ $[1,\ 5]$

(2) $f(x) = x^3$ $[-1,\ 1]$

(3) $f(x) = x^2 - x - 2$ $[-2,\ 1]$

(4) $f(x) = -\dfrac{1}{x^3}$ $[1,\ 2]$

함수 $f(x)$가 폐구간 $[a, b]$에서 연속이면, 오른쪽 그림과 같이 $f(a)$와 $f(b)$ 사이에 임의의 값 k에 대하여 직선 $y = k$와 함수 $y = f(x)$의 그래프는 적어도 한 점에서 만남을 알 수 있다.

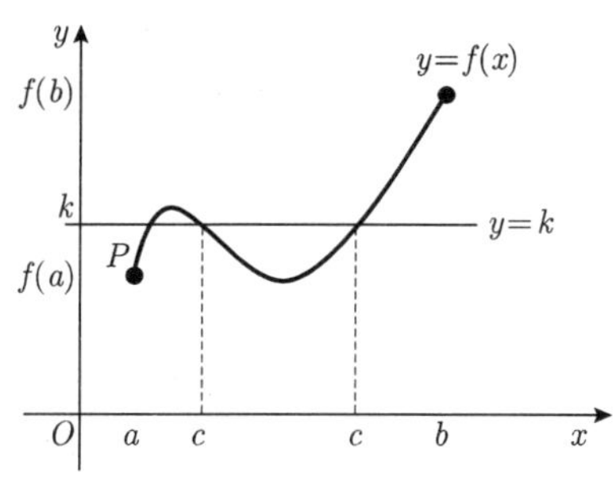

그림 1.11

이상으로부터 다음과 같은 **중간값의 정리**가 성립한다.

정리 1.15

함수 $f(x)$가 폐구간 $[a, b]$에서 연속이고 $f(a) \neq f(b)$이면, $f(a)$와 $f(b)$ 사이에 임의의 값 k에 대하여

$$f(c) = k$$

인 c가 a와 b 사이에 적어도 하나 존재한다.

중간값의 정리에 의하여 함수 $f(x)$가 구간 $[a, b]$에서 연속이고 $f(a)$와 $f(b)$의 부호가 서로 다르면, 오른쪽 그림과 같이 방정식 $f(x)=0$의 실근 c가 (a, b) 사이에 적어도 하나 존재함을 알 수 있다.

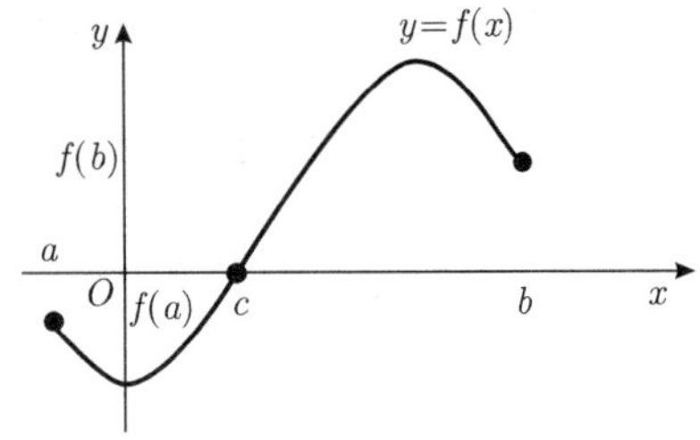

그림 1.12

예제 1.24 다음 방정식은 주어진 구간 $(0, 1)$에서 적어도 하나의 실근을 가짐을 증명하여라.

(1) $x^3+2x-1=0$

(2) $(x-1)\cos x+5\sin x-1=0$ (단, $\sin 1 \fallingdotseq 0.8415$)

풀이 (1) $f(x)=x^3+2x-1$라 하면 $f(x)$는 구간 $[0, 1]$에서 연속이고

$$f(0)=-1<0, \quad f(1)=2>0$$

이므로 중간값의 정리에 의하여 $f(c)=0$인 c가 0과 1 사이에서 적어도 하나 존재한다. 즉, $x^3+2x-1=0$은 0과 1 사이에서 적어도 하나의 실근을 갖는다.

(2) $f(x)=(x-1)\cos x+5\sin x-1$라 하면 $f(x)$는 구간 $[0, 1]$에서 연속이고

$$f(0)=-2<0,$$
$$f(1)=5\sin 1-1=5\times 0.8415-1>0$$

이므로 중간값의 정리에 의하여 $f(c)=0$인 c가 0과 1 사이에서 적어도 하나 존재한다.
즉, $(x-1)\cos x+5\sin x-1=0$은 0과 1 사이에서 적어도 하나의 실근을 갖는다.

문제 1.36 다음 방정식의 근이 주어진 구간 내에 있음을 보여라.

(1) $x^3-x+1=0$, $(-2, -1)$

(2) $x^5-x^2+2x+3=0$, $(-1, 0)$

1. 다음 물음에 답하여라.

(1) 등차수열 100, 97, 94, $\cdots$ 는 제 몇 항에서 처음으로 음수가 나오는가?

(2) 등차수열 1, 5, 9, 13, $\cdots$ 은 제 몇 항에서 처음으로 100보다 커지는가?

2. 첫째항이 -29, 공차가 4인 등차수열에서 첫째항부터 제 몇 항까지의 합이 최소가 되는가? 또, 그때의 최솟값을 구하여라.

3. 공비가 양인 등비수열에서 제3항이 2이고, 제7항이 162일 때, 다음 물음에 답하여라.

(1) 이 수열의 제10항 및 제n항을 구하여라.

(2) 이 수열은 제 몇 항이 1458이 되는가?

4. 첫째항부터 제n항까지의 합

$$S_n = 2 \cdot 3^n + k$$

가 등비수열의 합이 되도록 하는 k의 값을 구하여라.

5. 다음 극한값을 구하여라.

(1) $\lim_{n\to\infty} \dfrac{n}{\sqrt{n^2+1} - \sqrt{n}}$

(2) $\lim_{n\to\infty} \dfrac{1}{\sqrt{n+1} - \sqrt{n}}$

6. 다음 등식이 성립하도록 상수 a, b의 값을 정하여라.

$$\lim_{n\to\infty} \left(\sqrt{n^2+an+2} - \sqrt{bn^2+2n+3}\right) = 3$$

7. 다음 극한값을 구하여라.

(1) $\lim_{n\to\infty} \dfrac{2^{2n}+3^{n+1}}{5^n+3^n}$

(2) $\lim_{n\to\infty} (2^{3n} - 3^{2n})$

8. 다음 무한급수의 수렴, 발산을 조사하고, 수렴하면 그 합을 구하여라.

(1) $\sum_{n=1}^{\infty} \dfrac{1}{\sqrt{n+1}+\sqrt{n}}$

(2) $\sum_{n=2}^{\infty} \log \dfrac{n^2}{n^2-1}$

9. 다음 무한등비급수의 합을 구하여라.

(1) $\sqrt{5}-1+\dfrac{1}{\sqrt{5}}-\dfrac{1}{5}+\cdots$

(2) $\displaystyle\sum_{n=1}^{\infty} 3^{n-1}\left(\frac{1}{2}\right)^{2n}$

(3) $\displaystyle\sum_{n=1}^{\infty} \left(\frac{1}{2}\right)^{n}\sin\frac{n\pi}{2}$

10. 다음 극한값을 구하여라.

(1) $\displaystyle\lim_{x\to 1}(2x+3)$

(2) $\displaystyle\lim_{x\to\sqrt{2}}|x^2-4|$

(3) $\displaystyle\lim_{x\to 0}\frac{\sqrt{x}+3}{x+1}$

(4) $\displaystyle\lim_{x\to 1}\frac{x^2+x-2}{x^3-1}$

(5) $\displaystyle\lim_{x\to 1}\frac{x-1}{\sqrt{x+3}-2}$

(6) $\displaystyle\lim_{x\to 0}\frac{\sqrt{1+x}-\sqrt{1-x}}{x}$

11. 다음 극한값을 구하여라.

(1) $\displaystyle\lim_{x\to\infty}\frac{5x^2+x}{3x^2+2}$

(2) $\displaystyle\lim_{x\to-\infty}\frac{4-x-x^2}{2-x+3x^2}$

(3) $\displaystyle\lim_{x\to\infty}\frac{x^2-2x+3}{x+1}$

12. 다음 등식이 성립하도록 상수 a, b의 값을 정하여라.

(1) $\displaystyle\lim_{x\to 2}\frac{ax^2+bx+2}{x-2}=4$

(2) $\displaystyle\lim_{x\to 1}\frac{a\sqrt{x}+b}{x-1}=1$

13. $f(x)=\dfrac{\sqrt{x+3}-2}{x-1}$ 일 때, 다음 극한값을 구하여라.

(1) $\lim_{x \to 0} f(x)$

(2) $\lim_{x \to 1} f(x)$

(3) $\lim_{x \to \infty} f(x)$

14. 다음 등식이 성립하도록 상수 a, b의 값을 정하여라.

(1) $\lim_{x \to 1} \dfrac{\sqrt{x+a}+b}{x-1}=1$

(2) $\lim_{x \to 1} \dfrac{a\sqrt{x+1}-b}{x-1}=\sqrt{2}$

15. 다음 함수의 불연속점을 구하여라.

(1) $f(x)=|x^3-1|$

(2) $f(x)=\dfrac{x+1}{x^2-x-2}$

16. 구간 $[0, 3]$에서 함수

$$f(x)=-x^2+2x+3$$

의 최댓값과 최솟값을 구하여라.

17. 중간값 정리를 사용하여 주어진 방정식의 근이 주어진 구간 내에 존재함을 보여라.

(1) $x^3-3x+1=0$, $(0, 1)$

(2) $x^5-2x^4-x-3=0$, $(2, 3)$

(3) $x^3-x^2+2x-1=0$, $(0, 1)$

(4) $x^5-x^2-4=0$, $(1, 2)$

CHAPTER 2

미분법

2.1 미분계수와 도함수

■ 미분계수

함수 $y=f(x)$ 에서 x 가 x_1 에서 x_2 까지 변할 때,

x 의 값의 변화량은 x_2-x_1
y 의 값의 변화량은 $f(x_2)-f(x_1)$

이다. 여기서, $\Delta x = x_2 - x_1$ 을 **x 의 증분**이라 하고, $\Delta y = f(x_2)-f(x_1)$ 을 **y 의 증분**이라고 하며, x 의 증분 Δx 에 대한 y 의 증분 Δy 의 비율, 즉

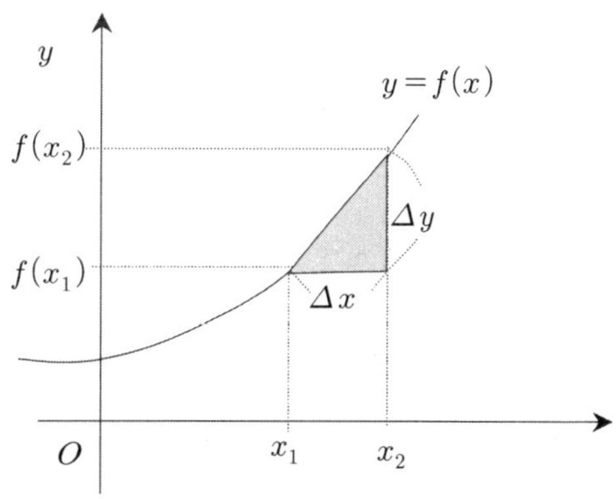

그림 2.1

$$\frac{\Delta y}{\Delta x} = \frac{f(x_2)-f(x_1)}{x_2-x_1} = \frac{f(x_1+\Delta x)-f(x_1)}{\Delta x}$$

를 x 가 x_1 에서 x_2 까지 변할 때의 함수 $y=f(x)$ 의 **평균변화율**이라고 한다.

예제 2.1 함수 $f(x)=x^2$ 에 대하여 다음 각 경우의 평균변화율을 구하여라.
(1) x 가 1 에서 3 까지 변할 때
(2) x 가 a 에서 $a+h$ 까지 변할 때

풀이 (1) $\dfrac{\Delta y}{\Delta x} = \dfrac{f(3)-f(1)}{3-1} = \dfrac{9-1}{3-1} = \dfrac{8}{2} = 4$

(2) $\dfrac{\Delta y}{\Delta x} = \dfrac{f(a+h)-f(a)}{(a+h)-a} = \dfrac{(a+h)^2-a^2}{h} = \dfrac{2ah+h^2}{h} = 2a+h$

문제 2.1 함수 $f(x) = -x^2+1$에 대하여 다음 각 경우의 평균변화율을 구하여라.
(1) x가 -2에서 0까지 변할 때　　　　(2) x가 a에서 $a+h$까지 변할 때

함수 $y=f(x)$에서 x의 값이 x_1에서 $x_1+\Delta x$까지 변할 때의 평균변화율은

$$\frac{\Delta y}{\Delta x} = \frac{f(x_1+\Delta x)-f(x_1)}{\Delta x}$$

이다. 여기서 $\Delta x \to 0$일 때 평균변화율의 극한값

$$\lim_{\Delta x\to 0}\frac{\Delta y}{\Delta x} = \lim_{\Delta x\to 0}\frac{f(x_1+\Delta x)-f(x_1)}{\Delta x}$$

이 존재하면, 이 극한값을 함수 $y=f(x)$의 $x=x_1$에서의 **미분계수** 또는 **순간변화율**이라고 하며 기호로 $f'(x_1)$으로 나타낸다.

이상을 정리하면 다음과 같다.

정의 2.1

함수 $y=f(x)$의 $x=x_1$에서의 미분계수는

$$f'(x_1) = \lim_{\Delta x\to 0}\frac{f(x_1+\Delta x)-f(x_1)}{\Delta x}$$

함수 $y=f(x)$의 $x=x_1$에서의 미분계수 $f'(x_1)$이 존재할 때, 함수 $y=f(x)$는 $x=x_1$에서 **미분가능하다**고 한다.

예제 2.2 다음 함수의 $x=2$에서의 미분계수를 구하여라.
(1) $f(x)=x^2$　　　　(2) $f(x)=\sqrt{x}$

풀이 (1)
$$\begin{aligned} f'(2) &= \lim_{\Delta x\to 0}\frac{f(2+\Delta x)-f(2)}{\Delta x} \\ &= \lim_{\Delta x\to 0}\frac{(2+\Delta x)^2-2^2}{\Delta x} \\ &= \lim_{\Delta x\to 0}\frac{4\Delta x+(\Delta x)^2}{\Delta x} \\ &= \lim_{\Delta x\to 0}(4+\Delta x) \end{aligned}$$

$$= 4$$

$$(2)\ f'(2) = \lim_{\Delta x \to 0} \frac{f(2+\Delta x) - f(2)}{\Delta x}$$

$$= \lim_{\Delta x \to 0} \frac{\sqrt{2+\Delta x} - \sqrt{2}}{\Delta x}$$

$$= \lim_{\Delta x \to 0} \frac{(2+\Delta x) - 2}{\Delta x(\sqrt{2+\Delta x} + \sqrt{2})}$$

$$= \lim_{\Delta x \to 0} \frac{1}{\sqrt{2+\Delta x} + \sqrt{2}}$$

$$= \frac{1}{2\sqrt{2}}$$

문제 2.2 다음 함수의 $x = 1$ 에서의 미분계수를 구하여라.

(1) $f(x) = 3x - 2$

(2) $f(x) = x^2 + 1$

■ 미분계수와 접선

함수 $y = f(x)$의 그래프 위에 있는 두 점 $P(x_1, f(x_1))$, $Q(x_1 + \Delta x, f(x_1 + \Delta x))$를 잡으면, 평균변화율은 직선 PQ의 기울기를 나타낸다.

$\Delta x \to 0$ 이면 점 Q는 곡선을 따라서 점 P에 가까워지며, 직선 PQ는 오른쪽 그림에서 직선 PT에 한없이 가까워진다.

이때, 이 직선 PT를 점 P에서의 **접선**이라 하며, 점 P를 이 접선의 **접점**이라고 한다. 따라서 미분계수

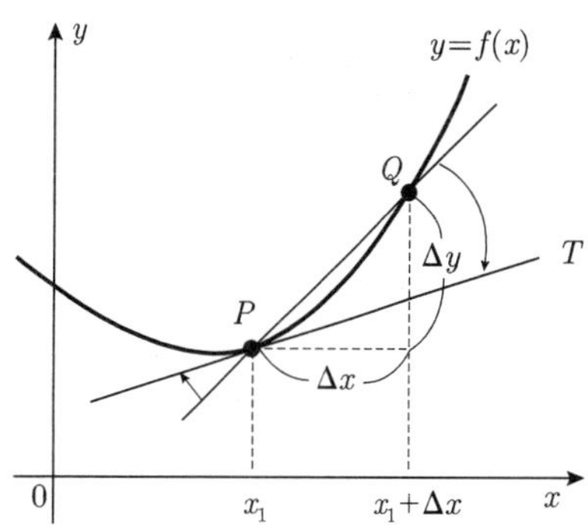

그림 2.2

$$f'(x_1) = \lim_{\Delta x \to 0} \frac{f(x_1 + \Delta x) - f(x_1)}{\Delta x}$$

은 점 P에서의 접선 PT의 기울기를 나타내고, 점 $P(x_1, f(x_1))$에서의 접선의 방정식은 다음과 같다.

정리 2.1

함수 $y = f(x)$ 위의 점 $P(x_1, f(x_1))$에서의 접선의 방정식은

$$y - f(x_1) = f'(x_1)(x - x_1)$$

보기 포물선 $f(x)=x^2-2x$ 위의 점 $(2,0)$에서의 접선의 방정식은

$$y-0=f'(2)(x-2)$$

그런데 $f'(2)=\lim_{\Delta x\to 0}\dfrac{f(2+\Delta x)-f(2)}{\Delta x}=\lim_{\Delta x\to 0}\dfrac{2\Delta x+(\Delta x)^2}{\Delta x}=2$

따라서 구하는 접선의 방정식은 $y=2(x-2)$, 즉 $y=2x-4$

문제 2.3 다음 곡선 위에 주어진 점에서의 접선의 방정식을 구하여라.

(1) $f(x)=x^2-8x+9$, 점 $(3,-6)$ (2) $f(x)=x^3$, 점 $(1,1)$

함수의 미분가능성과 연속성의 관계를 알아보자.

정리 2.2

함수 $y=f(x)$가 $x=x_1$에서 미분가능하면 $f(x)$는 $x=x_1$에서 연속이다.

증명 함수 $y=f(x)$가 $x=x_1$에서 미분가능하면 미분계수

$$f'(x_1)=\lim_{\Delta x\to 0}\frac{f(x_1+\Delta x)-f(x_1)}{\Delta x}$$

가 존재하므로

$$\begin{aligned}\lim_{x\to x_1}[f(x)-f(x_1)]&=\lim_{x\to x_1}\frac{f(x)-f(x_1)}{x-x_1}\cdot(x-x_1)\\&=\lim_{x\to x_1}\frac{f(x)-f(x_1)}{x-x_1}\cdot\lim_{x\to x_1}(x-x_1)\\&=f'(x_1)\cdot 0=0\end{aligned}$$

즉,

$$\lim_{x\to x_1}f(x)=f(x_1)$$

따라서 함수 $y=f(x)$가 $x=x_1$에서 연속이다. ◀

주의 정리 2.2의 역은 성립하지 않는다. 즉, 연속이지만 미분가능하지 않는 함수들이 존재한다. 예를 들어, $f(x)=|x|$에서

$$\lim_{x\to 0} f(x) = \lim_{x\to 0}|x| = 0 = f(0)$$

이므로 $f(x)=|x|$는 $x=0$에서 연속이다.

그런데

$$\lim_{\Delta x\to 0+}\frac{f(0+\Delta x)-f(0)}{\Delta x} = \lim_{\Delta x\to 0+}\frac{|\Delta x|}{\Delta x} = \lim_{\Delta x\to 0+}\frac{\Delta x}{\Delta x} = 1$$

$$\lim_{\Delta x\to 0-}\frac{f(0+\Delta x)-f(0)}{\Delta x} = \lim_{\Delta x\to 0-}\frac{|\Delta x|}{\Delta x} = \lim_{\Delta x\to 0-}\frac{-\Delta x}{\Delta x} = -1$$

이므로 극한 $\lim_{\Delta x\to 0}\frac{f(0+\Delta x)-f(0)}{\Delta x}$ 은 존재하지 않는다.

즉, $f(x)=|x|$는 $x=0$에서 미분가능하지 않다.

■ 도함수

함수 $y=f(x)$에서 x의 각 값에 대하여 미분계수 $f'(x)$를 대응시키는 함수

$$f' : x \to f'(x)$$

를 $y=f(x)$의 **도함수**라고 하며, 함수 $f(x)$의 도함수를 구하는 것을 $f(x)$를 x에 관하여 **미분한다**고 하며, 그 계산법을 **미분법**이라 한다.

이상을 정리하면 다음과 같다.

○ 정의 2.2

함수 $y=f(x)$의 도함수 $f'(x)$는

$$f'(x) = \lim_{\Delta x\to 0}\frac{f(x+\Delta x)-f(x)}{\Delta x}$$

위에서 $\Delta x = h$로 놓으면 $f'(x)$를 다음과 같이 나타낼 수도 있다.

$$f'(x) = \lim_{h\to 0}\frac{f(x+h)-f(x)}{h}$$

도함수에 관한 기호는 다음과 같이 나타낸다.

$$f'(x),\ y',\ \frac{dy}{dx},\ \frac{d}{dx}f(x)$$

예제 2.3 함수 $f(x)=2x^2-1$ 의 도함수를 구하여라.

풀이
$$\begin{aligned}
f'(x) &= \lim_{h\to 0}\frac{f(x+h)-f(x)}{h} \\
&= \lim_{h\to 0}\frac{\{2(x+h)^2-1\}-(2x^2-1)}{h} \\
&= \lim_{h\to 0}\frac{4xh+2h^2}{h} \\
&= \lim_{h\to 0}(4x+2h) \\
&= 4x
\end{aligned}$$

문제 2.4 다음 함수의 도함수를 구하여라.

(1) $f(x)=2x+1$

(2) $f(x)=x^3$

(3) $f(x)=\sqrt{x}$

(4) $f(x)=\dfrac{1}{x}$

2.2 미분법

■ 다항함수의 미분법

도함수의 정의에 따라 간단한 함수의 도함수를 구할 수 있다. 그러나 복잡한 형태의 함수인 경우에는 도함수의 정의를 직접 사용하지 않고 공식을 이용하여 간편하게 계산하는 방법을 알아보자.

정리 2.3

(1) $f(x)=c$ 일 때, $f'(x)=0$ (c는 상수)

(2) $f(x)=x^n$ 일 때, $f'(x)=nx^{n-1}$ (n은 자연수)

증명 (1) $$f'(x)=\lim_{h\to 0}\frac{f(x+h)-f(x)}{h}=\lim_{h\to 0}\frac{c-c}{h}=0$$

(2) $$f'(x)=\lim_{h\to 0}\frac{f(x+h)-f(x)}{h}=\lim_{h\to 0}\frac{(x+h)^n-x^n}{h}$$

이고, 이항정리에 의하여 $(x+h)^n$을 전개하면

$$\begin{aligned}f'(x)&=\lim_{h\to 0}\frac{\left[x^n+{}_nC_1x^{n-1}h+{}_nC_2x^{n-2}h^2+\cdots+{}_nC_{n-1}xh^{n-1}+h^n\right]-x^n}{h}\\&=\lim_{h\to 0}\frac{nx^{n-1}h+\dfrac{n(n-1)}{2}x^{n-2}h^2+\cdots+nxh^{n-1}+h^n}{h}\\&=\lim_{h\to 0}\left[nx^{n-1}+\frac{n(n-1)}{2}x^{n-2}h+\cdots+nxh^{n-2}+h^{n-1}\right]\\&=nx^{n-1}\end{aligned}$$

을 얻는다. ◀

보기 (1) $f(x)=-3$ 일 때, $f'(x)=0$

(2) $f(x)=x^5$ 일 때, $f'(x)=5x^4$

(3) $f(x)=x^{10}$ 일 때, $f'(x)=10x^9$

함수 $f(x)$, $g(x)$가 미분가능할 때, 다음이 성립한다.

정리 2.4

함수 $f(x)$, $g(x)$의 도함수가 존재할 때

(1) $\{cf(x)\}' = cf'(x)$

(2) $\{f(x)+g(x)\}' = f'(x)+g'(x)$

(3) $\{f(x)-g(x)\}' = f'(x)-g'(x)$

(4) $\{f(x)g(x)\}' = f'(x)g(x)+f(x)g'(x)$

증명 (1) $F(x) = cf(x)$라 두면

$$\begin{aligned} F'(x) &= \lim_{h\to 0}\frac{F(x+h)-F(x)}{h} \\ &= \lim_{h\to 0}\frac{cf(x+h)-cf(x)}{h} \\ &= c\lim_{h\to 0}\frac{f(x+h)-f(x)}{h} \\ &= cf'(x) \end{aligned}$$

(2) $F(x) = f(x)+g(x)$라 두면

$$\begin{aligned} F'(x) &= \lim_{h\to 0}\frac{F(x+h)-F(x)}{h} \\ &= \lim_{h\to 0}\frac{\{f(x+h)+g(x+h)\}-\{f(x)+g(x)\}}{h} \\ &= \lim_{h\to 0}\frac{\{f(x+h)-f(x)\}+\{g(x+h)-g(x)\}}{h} \\ &= \lim_{h\to 0}\frac{f(x+h)-f(x)}{h}+\lim_{h\to 0}\frac{g(x+h)-g(x)}{h} \\ &= f'(x)+g'(x) \end{aligned}$$

(3) 같은 방법으로 $\{f(x)-g(x)\}' = f'(x)-g'(x)$임을 알 수 있다.

(4) $F(x) = f(x)g(x)$ 라 두면

$$\begin{aligned} F'(x) &= \lim_{h\to 0}\frac{F(x+h)-F(x)}{h} \\ &= \lim_{h\to 0}\frac{\{f(x+h)g(x+h)\}-\{f(x)g(x)\}}{h} \end{aligned}$$

$$= \lim_{h \to 0}\left\{\frac{f(x+h)g(x+h)-f(x)g(x+h)}{h} + \frac{f(x)g(x+h)-f(x)g(x)}{h}\right\}$$

$$= \lim_{h \to 0}\left\{\frac{f(x+h)-f(x)}{h} \cdot g(x+h) + f(x) \cdot \frac{g(x+h)-g(x)}{h}\right\}$$

$$= \lim_{h \to 0}\frac{f(x+h)-f(x)}{h} \cdot \lim_{h \to 0} g(x+h) + f(x)\lim_{h \to 0}\frac{g(x+h)-g(x)}{h}$$

$$= f'(x)g(x)+f(x)g'(x)$$ ◀

예제 2.4 함수 $y = x^3 - 2x^2 + 3x + 2$ 를 미분하여라.

풀이
$$y' = (x^3 - 2x^2 + 3x + 2)'$$
$$= (x^3)' - 2(x^2)' + 3(x)' + (2)'$$
$$= 3x^2 - 2 \cdot 2x + 3$$
$$= 3x^2 - 4x + 3$$

문제 2.5 다음 함수를 미분하여라.

(1) $y = 3x^2 - 2x + 7$

(2) $y = \frac{1}{2}x^3 - 3x^2 + 5x + 7$

(3) $y = 2x^3 - 3x^2 + 4$

(4) $y = 3x^4 - 2x^3 + 6x + 5$

예제 2.5 다음 함수를 미분하여라.

(1) $y = (x+1)(x^2 - 2x + 3)$

(2) $y = (3x-1)(x^2 - x + 1)$

풀이 (1)
$$y' = (x+1)'(x^2 - 2x + 3) + (x+1)(x^2 - 2x + 3)'$$
$$= 1 \cdot (x^2 - 2x + 3) + (x+1)(2x-2)$$
$$= 3x^2 - 2x + 1$$

(2)
$$y' = (3x-1)'(x^2 - x + 1) + (3x-1)(x^2 - x + 1)'$$
$$= 3(x^2 - x + 1) + (3x-1)(2x-1)$$
$$= 9x^2 - 8x + 4$$

문제 2.6 다음 함수를 미분하여라.

(1) $y=(-2x+3)(x^2+x-1)$ (2) $y=(3x+1)(-x^2-3x+5)$

(3) $y=(2x^2+x)(x^2+5x-3)$ (4) $y=(x+2)(3x^2+x+5)$

미분가능한 두 함수 $f(x)$, $g(x)$의 몫 $\dfrac{f(x)}{g(x)}$ (단, $g(x)\neq 0$)의 도함수는 다음과 같다.

정리 2.5

두 함수 $f(x)$, $g(x)$ (단, $g(x)\neq 0$)가 미분가능할 때,

$$y=\frac{f(x)}{g(x)} \text{ 이면 } y'=\frac{f'(x)g(x)-f(x)g'(x)}{\{g(x)\}^2}$$

특히, $y=\dfrac{1}{g(x)}$ 이면 $y'=\dfrac{-g'(x)}{\{g(x)\}^2}$

증명 $F(x)=\dfrac{f(x)}{g(x)}$ 라 두면

$$\begin{aligned}
F'(x)&=\lim_{h\to 0}\frac{F(x+h)-F(x)}{h}\\
&=\lim_{h\to 0}\frac{\dfrac{f(x+h)}{g(x+h)}-\dfrac{f(x)}{g(x)}}{h}\\
&=\lim_{h\to 0}\frac{f(x+h)g(x)-f(x)g(x+h)}{h\,g(x+h)g(x)}\\
&=\lim_{h\to 0}\frac{\{f(x+h)-f(x)\}g(x)-f(x)\{g(x+h)-g(x)\}}{h\,g(x+h)g(x)}\\
&=\lim_{h\to 0}\frac{\dfrac{f(x+h)-f(x)}{h}\cdot g(x)-f(x)\cdot\dfrac{g(x+h)-g(x)}{h}}{g(x+h)g(x)}\\
&=\frac{\lim\limits_{h\to 0}\dfrac{f(x+h)-f(x)}{h}\cdot g(x)-f(x)\cdot\lim\limits_{h\to 0}\dfrac{g(x+h)-g(x)}{h}}{\lim\limits_{h\to 0}g(x+h)g(x)}\\
&=\frac{f'(x)g(x)-f(x)g'(x)}{\{g(x)\}^2} \quad (\text{단, } g(x)\neq 0)
\end{aligned}$$

특히, $f(x)=1$ 일 때, $f'(x)=0$ 이므로

$$\left\{\frac{1}{g(x)}\right\}'=\frac{-g'(x)}{\{g(x)\}^2}$$

가 성립한다. ◀

예제 2.6 다음 함수를 미분하여라.

(1) $y=\dfrac{x}{x^2-1}$ (2) $y=\dfrac{1}{2x+1}$

풀이 (1) $y'=\dfrac{(x)'(x^2-1)-x(x^2-1)'}{(x^2-1)^2}=\dfrac{1\cdot(x^2-1)-x\cdot 2x}{(x^2-1)^2}=\dfrac{-x^2-1}{(x^2-1)^2}$

(2) $y'=\dfrac{-(2x+1)'}{(2x+1)^2}=-\dfrac{2}{(2x+1)^2}$

문제 2.7 다음 함수를 미분하여라.

(1) $y=\dfrac{1}{x-3}$ (2) $y=\dfrac{1}{x^2+x}$

(3) $y=\dfrac{x-1}{x^2+1}$ (4) $y=\dfrac{x^2+x+1}{x-2}$

n 이 0 또는 양의 정수일 때, $y=x^n$ 의 도함수는 $y'=nx^{n-1}$ 이다. n 이 음의 정수일 때에도 위의 공식이 성립하는지 알아보자.

정리 2.6

n 이 정수일 때, $y=x^n$ 이면

$$y'=nx^{n-1}$$

증명 $n=-m$ (m 은 양의 정수)으로 놓으면

$$y=x^n=x^{-m}=\frac{1}{x^m}$$

이므로

$$y' = (x^n)' = \left(\frac{1}{x^m}\right)' = \frac{-(x^m)'}{(x^m)^2} = \frac{-mx^{m-1}}{x^{2m}} = -mx^{-m-1} = nx^{n-1}$$

따라서 n 이 음의 정수일 때에도 $y = x^n$ 의 도함수는 $y' = nx^{n-1}$ 이다. ◀

예제 2.7 다음 함수를 미분하여라.

(1) $y = -\dfrac{1}{x^2}$ (2) $y = \dfrac{x-1}{x^2}$

풀이 (1) $y = -\dfrac{1}{x^2} = -x^{-2}$ 에서

$$y' = -(x^{-2})' = -(-2)x^{-2-1} = 2x^{-3} = \frac{2}{x^3}$$

(2) $y = \dfrac{x-1}{x^2} = \dfrac{1}{x} - \dfrac{1}{x^2} = x^{-1} - x^{-2}$ 에서

$$y' = -x^{-2} + 2x^{-3} = -\frac{1}{x^2} + \frac{2}{x^3}$$

문제 2.8 다음 함수를 미분하여라.

(1) $y = \dfrac{2}{x^3}$ (2) $y = \dfrac{3}{x^4}$

(3) $y = \dfrac{x^2 - 3x + 5}{x}$ (4) $y = \dfrac{x^2 - 1}{x^2}$

■ 합성함수의 미분법

두 함수 $y = f(t)$, $t = g(x)$가 미분가능할 때, 합성함수 $y = f(g(x))$ 의 도함수는 다음과 같다.

정리 2.7

두 함수 $y = f(t)$, $t = g(x)$가 미분가능할 때, 합성함수 $y = f(g(x))$ 의 도함수는

$$\frac{dy}{dx} = \frac{dy}{dt} \cdot \frac{dt}{dx}$$

즉, $y' = f'(g(x))g'(x)$

증명 $F(x)=f(g(x))$ 라 두면

$$F'(x)=\lim_{h\to 0}\frac{F(x+h)-F(x)}{h}$$
$$=\lim_{h\to 0}\frac{f(g(x+h))-f(g(x))}{h}$$
$$=\lim_{h\to 0}\frac{f(g(x+h))-f(g(x))}{g(x+h)-g(x)}\cdot\frac{g(x+h)-g(x)}{h}$$

이다. $g(x+h)-g(x)=t$ 라 두면 $g(x)$가 연속이므로, $h\to 0$이면 $t\to 0$이다. 따라서

$$F'(x)=\lim_{t\to 0}\frac{f(g(x)+t)-f(g(x))}{t}\cdot\lim_{h\to 0}\frac{g(x+h)-g(x)}{h}$$
$$=f'(g(x))\cdot g'(x)$$
$$=\frac{dy}{dt}\cdot\frac{dt}{dx}$$ ◀

예제 2.8 다음 함수를 미분하여라.

(1) $y=(2x+3)^2$ (2) $y=\dfrac{1}{(3x+2)^3}$

풀이 (1) $t=2x+3$ 으로 놓으면 $y=t^2$ 에서

$$\frac{dt}{dx}=2,\ \frac{dy}{dt}=2t$$
$$\therefore\ \frac{dy}{dx}=\frac{dy}{dt}\cdot\frac{dt}{dx}=2t\cdot 2=4(2x+3)$$

(2) $y=\dfrac{1}{(3x+2)^3}=(3x+2)^{-3}$ 에서

$$y'=-3(3x+2)^{-4}(3x+2)'$$
$$=-9(3x+2)^{-4}$$
$$=-\frac{9}{(3x+2)^4}$$

문제 2.9 다음 함수를 미분하여라.

(1) $y=(2x+3)^4$ (2) $y=(3x^2-4)^2$

(3) $y = \dfrac{x^2+2}{(2x+1)^2}$　　　　(4) $y = \dfrac{1}{(-x^2+2)^3}$

■ 음함수의 미분법

지금까지 다룬 함수들은 $y = \sqrt{x^2+1}$ 또는 $y = 2x^2 - x + 1$, 즉 일반적으로 $y = f(x)$ 등과 같이 하나의 변수가 다른 한 변수로 명료하게 나타냈다. 그러나 어떤 함수들은

$$x^2 + y^2 = 4 \qquad \cdots\cdots ①$$

와 같이 x와 y 사이의 관계가 앞에서와는 다르게 정의된다. 이와 같이, x의 함수 y가

$$f(x, y) = 0$$

의 꼴로 주어졌을 때, y를 x의 **음함수**라고 한다.

①을 y에 대하여 풀면

$$y = \sqrt{4-x^2} \quad (y \geq 0)$$
$$y = -\sqrt{4-x^2} \quad (y \leq 0)$$

이고, 각각 폐구간 $[-2, 2]$를 정의역으로 하는 함수이다.

y의 도함수를 구하기 위하여 y를 x에 관하여 풀지 않고, 이러한 경우에 이용하는 음함수 미분법을 알아보자.

정리 2.8

x의 함수 y가 음함수

$$f(x, y) = 0$$

의 꼴로 주어졌을 때에는 y를 x의 함수로 보고, 양변을 x에 대하여 미분하여 y'를 구한다.

보기 $x^2 + y^2 = 4$에서 y를 x의 함수로 보고, 양변을 x에 대하여 미분하면

$$\frac{d}{dx}(x^2 + y^2) = \frac{d}{dx}(4)$$

$$\frac{d}{dx}(x^2)+\frac{d}{dx}(y^2)=\frac{d}{dx}(4)$$

그런데 $$\frac{d}{dx}(y^2)=\frac{d(y^2)}{dy}\cdot(y)'=2y\,y'$$

이므로 $$2x+2y\,y'=0$$

따라서 $y'=-\dfrac{x}{y}$ (단, $y\neq 0$)이다.

예제 2.9 다음 음함수를 미분하여라.

(1) $y^2+2x=0$ (단, $xy\neq 0$) (2) $x^2+y^2=xy$ (단, $x\neq -y$)

풀이 (1) y를 x의 함수로 보고, 각 항을 x에 대하여 미분하면

$$\frac{d}{dx}(y^2)+\frac{d}{dx}(2x)=0$$

$$2y\,y'+2=0$$

$$\therefore\ y'=-\frac{1}{y}$$

(2) y를 x의 함수로 보고, 각 항을 x에 대하여 미분하면

$$\frac{d}{dx}(x^2)+\frac{d}{dx}(y^2)=\frac{d}{dx}(xy)$$

$$2x+2y\,y'=y+x\,y'$$

$$(2y-x)\,y'=y-2x$$

$$\therefore\ y'=\frac{y-2x}{2y-x}$$

문제 2.10 다음 음함수를 미분하여라.

(1) $x^2+y^2+2x=0$ (2) $x^3+y^3-2xy=0$

(3) $x^3-xy^2=10$ (4) $y^2=4x$

앞에서 n이 정수일 때, $y=x^n$의 도함수는 $y'=nx^{n-1}$임을 알아보았다. 이제, m, n ($m\neq 0$)이 정수일 때, 함수 $y=x^{\frac{n}{m}}$의 도함수를 구하여 보자.

정리 2.9

n이 유리수일 때, $y = x^n$이면

$$y' = nx^{n-1}$$

증명 함수 $y = x^{\frac{n}{m}}$의 양변을 m 제곱하면

$$y^m = x^n$$

$y^m = x^n$ 을 양변을 x에 대하여 미분하면

$$my^{m-1}y' = nx^{n-1}$$

따라서

$$\begin{aligned} y' &= \frac{n}{m} \cdot \frac{x^{n-1}}{y^{m-1}} \\ &= \frac{n}{m} \cdot \frac{x^{n-1}}{\left(x^{\frac{n}{m}}\right)^{m-1}} \\ &= \frac{n}{m} x^{n-1-n+\frac{n}{m}} \\ &= \frac{n}{m} x^{\frac{n}{m}-1} \end{aligned}$$

◀

보기 함수 $y = \sqrt[3]{x}$ 를 미분하면 $y' = \frac{1}{3}x^{\frac{1}{3}-1} = \frac{1}{3}x^{-\frac{2}{3}}$

예제 2.10 함수 $y = \sqrt{1-x^2}$ 의 도함수를 구하여라.

풀이 $y' = \dfrac{1}{2\sqrt{1-x^2}} \cdot (1-x^2)' = \dfrac{-2x}{2\sqrt{1-x^2}} = -\dfrac{x}{\sqrt{1-x^2}}$

문제 2.11 다음 함수의 도함수를 구하여라.

(1) $y = \sqrt{3x-2}$

(2) $y = \sqrt{1-3x^2}$

(3) $y = \sqrt[3]{x^2-1}$

(4) $y = \sqrt[5]{x^2+4}$

■ 역함수의 미분법

함수 $y=f(x)$가 미분가능하고 그 역함수 $y=f^{-1}(x)$가 존재할 때, $y=f^{-1}(x)$의 도함수는 다음과 같다.

정리 2.10

$\dfrac{dx}{dy} \neq 0$ 일 때, $\dfrac{dy}{dx} = \dfrac{1}{\dfrac{dx}{dy}}$

증명 미분가능한 함수 $y=f(x)$의 역함수 $y=f^{-1}(x)$가 존재하면

$$x=f(y) \qquad \cdots\cdots\cdots ②$$

②의 양변을 x에 대하여 미분하면 $1=f'(y)\dfrac{dy}{dx}$

따라서 $f'(y)\neq 0$일 때, $\dfrac{dy}{dx}=\dfrac{1}{f'(y)}$ ········· ③

그런데 ②에서 $\dfrac{dx}{dy}=f'(y)$ ········· ④

③, ④에서 $\dfrac{dy}{dx}=\dfrac{1}{\dfrac{dx}{dy}}$ ◀

예제 2.11 역함수의 미분법을 써서 $y=\sqrt[3]{x}$ 의 도함수를 구하여라.

풀이 $y=\sqrt[3]{x}$ 에서 $x=y^3$이므로 $\dfrac{dx}{dy}=3y^2$

$$\frac{dy}{dx}=\frac{1}{\dfrac{dx}{dy}}=\frac{1}{3y^2}=\frac{1}{3\sqrt[3]{x^2}}$$

문제 2.12 역함수의 미분법을 이용하여 다음 함수를 미분하여라.

(1) $y=\sqrt{x+1}$ (2) $y=\sqrt[3]{2x-1}$

2.3 초월함수의 미분법(1)

■ 삼각함수의 미분법

삼각함수와 지수, 로그함수의 도함수에 대하여 알아보자. 먼저, 삼각함수의 미분법 증명에 기초가 되는 $\lim_{x\to0}\frac{\sin x}{x}$ 의 극한값을 구하여 보자.

정리 2.11

$$\lim_{x\to0}\frac{\sin x}{x}=1 \quad (\text{단, } x \text{는 라디안})$$

증명 (i) $0<x<\frac{\pi}{2}$ 일 때, 오른쪽 그림과 같이 중심이 O인 단위원 위에 $\angle AOB=x$ (라디안)인 두 점 A, B를 잡는다. 점 A에서 원 O에 그은 접선과 반직선 OB와의 교점을 T라 하면

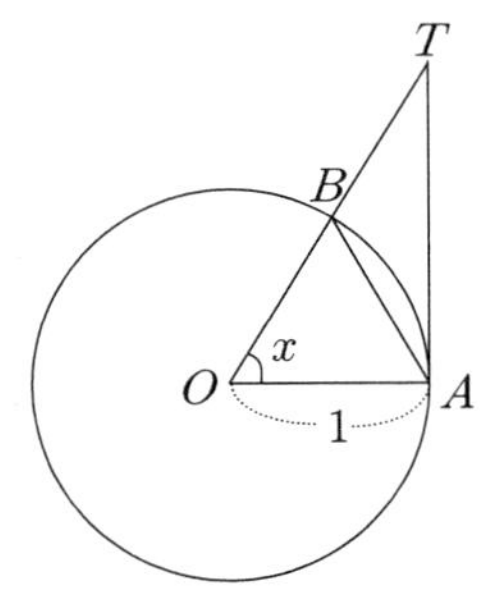

그림 2.3

($\triangle OAB$의 넓이) < (부채꼴 OAB의 넓이) < ($\triangle OAT$의 넓이)

이므로

$$\frac{1}{2}\sin x<\frac{1}{2}x<\frac{1}{2}\tan x$$

$$\therefore\ \sin x<x<\tan x \qquad \cdots\cdots ⑤$$

이때, $\sin x>0$ 이므로 ⑤의 각 변을 $\sin x$로 나누면

$$1<\frac{x}{\sin x}<\frac{1}{\cos x}$$

$$\therefore\ \cos x<\frac{\sin x}{x}<1$$

여기서, $\lim_{x\to0+}\cos x=1$ 이므로

$$\lim_{x\to0+}\frac{\sin x}{x}=1$$

(ii) $-\frac{\pi}{2} < x < 0$일 때,

$x < 0$이므로 $x = -z$로 놓으면 $z > 0$

$$\lim_{x \to 0-} \frac{\sin x}{x} = \lim_{z \to 0+} \frac{\sin(-z)}{-z} = \lim_{z \to 0+} \frac{\sin z}{z} = 1$$

따라서 (i), (ii)에 의하여 $\lim_{x \to 0} \frac{\sin x}{x} = 1$ ◀

|참고| $f(x) = \frac{\sin x}{x}$의 그래프는 다음과 같다.

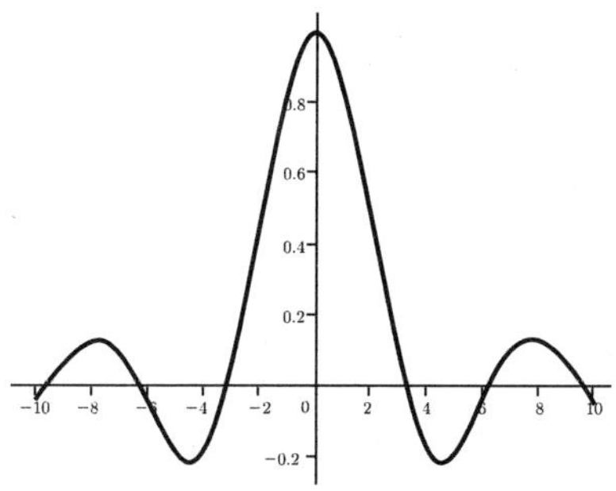

그림 2.4 $f(x) = \frac{\sin x}{x}$

삼각함수의 여러 가지 성질과 삼각함수의 극한에 관한 성질을 이용하여 삼각함수의 도함수를 구하여 보자. 삼각함수의 미분공식은 다음과 같다.

정리 2.12

(1) $y = \sin x$ 일 때, $y' = \cos x$

(2) $y = \cos x$ 일 때, $y' = -\sin x$

(3) $y = \tan x$ 일 때, $y' = \sec^2 x$

(4) $y = \sec x$ 일 때, $y' = \sec x \tan x$

(5) $y = \csc x$ 일 때, $y' = -\csc x \cot x$

(6) $y = \cot x$ 일 때, $y' = -\csc^2 x$

증명 (1) $y = \sin x$ 의 도함수

$$y' = \lim_{h \to 0} \frac{f(x+h) - f(x)}{h}$$
$$= \lim_{h \to 0} \frac{\sin(x+h) - \sin x}{h}$$
$$= \lim_{h \to 0} \frac{2\sin\frac{h}{2}\cos\left(x + \frac{h}{2}\right)}{h}$$
$$= \lim_{h \to 0} \frac{\sin\frac{h}{2}}{\frac{h}{2}} \cdot \lim_{h \to 0} \cos\left(x + \frac{h}{2}\right)$$

그런데 $\lim_{h \to 0} \frac{\sin\frac{h}{2}}{\frac{h}{2}} = 1$, $\lim_{h \to 0} \cos\left(x + \frac{h}{2}\right) = \cos x$ 이므로, $y' = 1 \cdot \cos x = \cos x$

(2) $y = \cos x$ 의 도함수는 (1)의 증명과 같은 방법으로 증명할 수 있다.

(3) $y = \tan x$ 의 도함수

$\tan x = \frac{\sin x}{\cos x}$ 이므로 몫의 미분법에 의하여

$$y' = \frac{d}{dx}\left(\frac{\sin x}{\cos x}\right) = \frac{(\sin x)'\cos x - \sin x(\cos x)'}{\cos^2 x}$$
$$= \frac{\cos^2 x + \sin^2 x}{\cos^2 x} = \frac{1}{\cos^2 x} = \sec^2 x$$

나머지 삼각함수들($\csc x$, $\sec x$, $\cot x$)에 대한 도함수는 (3)의 증명과 같은 방법으로 쉽게 얻을 수 있다. ◀

예제 2.12 다음 함수를 미분하여라.

(1) $y = \sin x + \cos x$ (2) $y = \sin(2x+3)$

풀이 (1) $y' = (\sin x)' + (\cos x)' = \cos x - \sin x$

(2) $y' = \cos(2x+3) \cdot (2x+3)' = 2\cos(2x+3)$

예제 2.13 다음 함수를 미분하여라.

(1) $y = \sec(x^2+1)$　　(2) $y = \cot^2 2x$

풀이 (1) $y' = \sec(x^2+1)\tan(x^2+1) \cdot (x^2+1)'$
$= 2x\sec(x^2+1)\tan(x^2+1)$

(2) $y' = 2\cot 2x\,(\cot 2x)'$
$= 2\cot 2x\,(-\csc^2 2x) \cdot (2x)'$
$= -4\cot 2x \csc^2 2x$

문제 2.13 다음 함수를 미분하여라.

(1) $y = \cos(2x-3)$　　(2) $y = \tan(2x-1)$

(3) $y = \sin^2 x$　　(4) $y = x^2 \sin x$

문제 2.14 다음 함수를 미분하여라.

(1) $y = \sec(2x-1)$　　(2) $y = \sqrt{\csc x}$

(3) $y = \sec x \csc x$　　(4) $y = \sec(\csc x)$

■ 로그함수의 미분법

다음은 로그함수의 미분법 증명에 기초가 되는 극한에 대하여 알아보자.

자연수 n에 대하여 극한값 $\lim_{n\to\infty}\left(1+\frac{1}{n}\right)^n$ 을 구하여 보자.

식 $\left(1+\frac{1}{n}\right)^n$ 에 $n = 1, 2, 3, \cdots$을 대입하여 그 값을 계산하면 n이 한없이 커짐에 따라 $\left(1+\frac{1}{n}\right)^n$ 의 값은 일정한 값에 한없이 가까워짐을 알 수 있다. 이때, 이 극한값을

$$e$$

로 나타낸다. 즉,

$$\lim_{n\to\infty}\left(1+\frac{1}{n}\right)^n = e$$

이때, e는 $2.7182818284590\cdots$와 같은 순환하지 않는 무한소수, 즉 무리수임이 알려져 있다.

실수 x 에 대하여 극한값 $\lim_{x \to \pm\infty}\left(1+\frac{1}{x}\right)^x$ 은 다음과 같다.

정리 2.13

(1) $\lim_{x \to \pm\infty}\left(1+\frac{1}{x}\right)^x = e$ (2) $\lim_{x \to 0}(1+x)^{\frac{1}{x}} = e$

증명 (1) $\lim_{x \to \pm\infty}\left(1+\frac{1}{x}\right)^x = e$

(i) $x > 0$ 일 때,

$n \le x < n+1$ 을 만족하는 양의 정수 n 을 선택하면 $\frac{1}{n+1} < \frac{1}{x} \le \frac{1}{n}$ 이므로

$$1+\frac{1}{n+1} < 1+\frac{1}{x} \le 1+\frac{1}{n}$$

따라서

$$\left(1+\frac{1}{n+1}\right)^n < \left(1+\frac{1}{x}\right)^x \le \left(1+\frac{1}{n}\right)^{n+1}$$

이다. 그리고

$$\begin{aligned}\lim_{n \to \infty}\left(1+\frac{1}{n+1}\right)^n &= \lim_{n \to \infty}\left(1+\frac{1}{n+1}\right)^{n+1}\left(1+\frac{1}{n+1}\right)^{-1} \\ &= e \cdot 1 = e\end{aligned}$$

이고, 또한

$$\begin{aligned}\lim_{n \to \infty}\left(1+\frac{1}{n}\right)^{n+1} &= \lim_{n \to \infty}\left(1+\frac{1}{n}\right)^n\left(1+\frac{1}{n}\right) \\ &= e \cdot 1 = e\end{aligned}$$

이므로, 극한정리에 의해

$$\lim_{x \to \infty}\left(1+\frac{1}{x}\right)^x = e$$

(ii) $x < 0$ 일 때,

$x < 0$ 이므로 $x = -z$ 로 놓으면 $z > 0$

$$\lim_{x\to-\infty}\left(1+\frac{1}{x}\right)^{x}=\lim_{z\to\infty}\left(1-\frac{1}{z}\right)^{-z}=\lim_{z\to\infty}\left(1+\frac{1}{z-1}\right)^{z-1}\left(1+\frac{1}{z-1}\right)$$
$$=e\cdot 1=e$$

따라서 (i), (ii)에 의하여

$$\lim_{x\to\pm\infty}\left(1+\frac{1}{x}\right)^{x}=e \qquad \cdots\cdots ⑥$$

(2) ⑥에서 $z=\dfrac{1}{x}$라 두면, $\lim_{z\to 0}(1+z)^{\frac{1}{z}}=e$ ◀

로그함수 $y=\log_a x\,(a>0,\ a\neq 1)$의 도함수는 다음과 같다.

정리 2.14

(1) $y=\log_a x$ 일 때, $y'=\dfrac{1}{x\ln a}$ (단, $a>0$, $a\neq 1$, $x>0$)

(2) $y=\ln x$ 일 때, $y'=\dfrac{1}{x}$ (단, $x>0$)

증명 (1) $y'=\lim_{h\to 0}\dfrac{f(x+h)-f(x)}{h}$

$$=\lim_{h\to 0}\frac{\log_a(x+h)-\log_a x}{h}$$
$$=\lim_{h\to 0}\frac{1}{h}\cdot\log_a\frac{x+h}{x}$$
$$=\frac{1}{x}\lim_{h\to 0}\log_a\left(1+\frac{h}{x}\right)^{\frac{x}{h}}$$
$$=\frac{1}{x}\log_a\left\{\lim_{h\to 0}\left(1+\frac{h}{x}\right)^{\frac{x}{h}}\right\}$$

여기서, $\dfrac{h}{x}=z$ 로 놓으면 $h\to 0$ 일 때 $z\to 0$ 이므로

$$y'=\frac{1}{x}\log_a\left\{\lim_{z\to 0}(1+z)^{\frac{1}{z}}\right\}=\frac{1}{x}\log_a e$$

따라서 $(\log_a x)' = \dfrac{1}{x}\log_a e = \dfrac{1}{x\ln a}$

(2) 로그함수 $y = \ln x$ 에서 $\ln x = \log_e x$ 이므로

$$(\ln x)' = (\log_e x)' = \frac{1}{x}\log_e e = \frac{1}{x}$$ ◀

예제 2.14 다음 함수를 미분하여라.

(1) $y = \log_5(2x-1)$ (2) $y = \ln(4x+1)$

풀이 (1) $y' = \dfrac{1}{(2x-1)\ln 5}\cdot(2x-1)' = \dfrac{2}{(2x-1)\ln 5}$

(2) $y' = \dfrac{1}{4x+1}\cdot(4x+1)' = \dfrac{4}{4x+1}$

문제 2.15 다음 함수를 미분하여라.

(1) $y = x\ln 5x$ (2) $y = \ln(\sin x)$

(3) $y = \log_{10} 2x$ (4) $y = \log_3 x^2$

문제 2.16 $y = \ln|x|$ 일 때, $y' = \dfrac{1}{x}$ 임을 보여라.

■ 지수함수의 미분법

로그함수의 도함수를 이용하여 지수함수의 도함수를 구하여 보자.

정리 2.15

(1) $y = a^x$ 일 때, $y' = a^x\ln a$

(2) $y = e^x$ 일 때, $y' = e^x$

증명 (1) 지수함수 $y = a^x$ (단, $a > 0$, $a \neq 1$)의 양변에 로그를 취하면,

$$\ln y = x\ln a$$

양변을 x 에 대하여 미분하면

$$\frac{y'}{y} = \ln a$$

$$y' = y\ln a = a^x \ln a$$

(2) 함수 $y = e^x$ 의 도함수는

$$y' = e^x \ln e = e^x$$ ◀

예제 2.15 다음 함수를 미분하여라.

(1) $y = 3^{2x+3}$　　　(2) $y = e^x \sin x$

풀이 (1) $y' = 3^{2x+3}\ln 3 \cdot (2x+3)' = 2 \cdot 3^{2x+3}\ln 3$

(2) $y' = (e^x)'\sin x + e^x(\sin x)' = e^x \sin x + e^x \cos x = e^x(\sin x + \cos x)$

문제 2.17 다음 함수를 미분하여라.

(1) $y = 3^{1-2x}$　　　(2) $y = e^x \ln(\sec x)$

(3) $y = x e^{\sin x}$　　　(4) $y = 2^{\cos x}$

2.4 초월함수의 미분법(2)

■ 역삼각함수

삼각함수는 전체적으로 일대일 대응이 아니므로 역함수를 가질 수 없다. 그러나 이 삼각함수들을 일대일 대응 함수가 되도록 정의역을 제한하면 역함수를 갖는다. 이와 같이 삼각함수가 역함수를 갖도록 제한된 영역에서만 삼각함수의 역함수를 다룬다.

$$y=\sin x \iff x=\sin^{-1}y,\ -\frac{\pi}{2}\le x\le\frac{\pi}{2}$$
$$y=\cos x \iff x=\cos^{-1}y,\ 0\le x\le\pi$$
$$y=\tan x \iff x=\tan^{-1}y,\ -\frac{\pi}{2}< x<\frac{\pi}{2}$$
$$y=\sec x \iff x=\sec^{-1}y,\ 0\le x<\frac{\pi}{2},\ \pi\le x<\frac{3\pi}{2}$$
$$y=\csc x \iff x=\csc^{-1}y,\ 0< x\le\frac{\pi}{2},\ \pi< x\le\frac{3\pi}{2}$$
$$y=\cot x \iff x=\cot^{-1}y,\ 0< x<\pi$$

이때, $y=\sin x$ 의 역함수 $x=\sin^{-1}y$를 **arcsin 함수** 또는 **역사인 함수**라 하고, 같은 방법으로 $y=\cos x$ 의 역함수 $x=\cos^{-1}y$를 **arccos 함수** 또는 **역코사인 함수**라 한다. 나머지 삼각함수의 역함수도 **arctan 함수** 또는 **역탄젠트 함수**, **arcsec 함수** 또는 **역시컨트 함수**, **arccsc 함수** 또는 **역코시컨트 함수**, **arccot 함수** 또는 **역코탄젠트 함수**라는 기호를 사용한다.

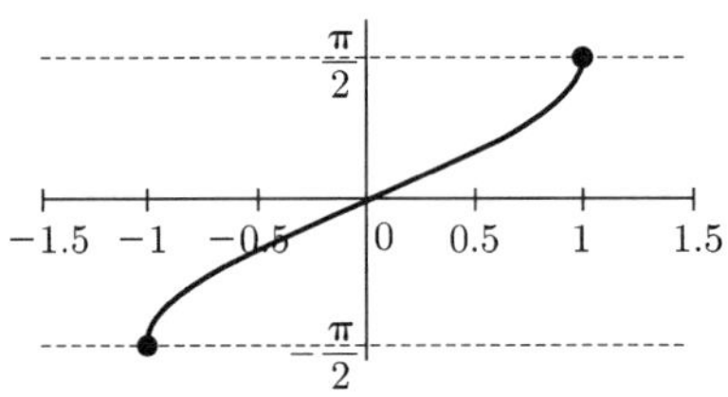

$y=\sin^{-1}x$

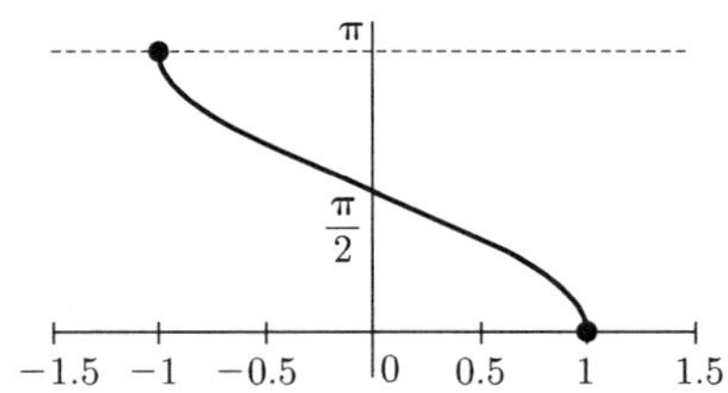

$y=\cos^{-1}x$

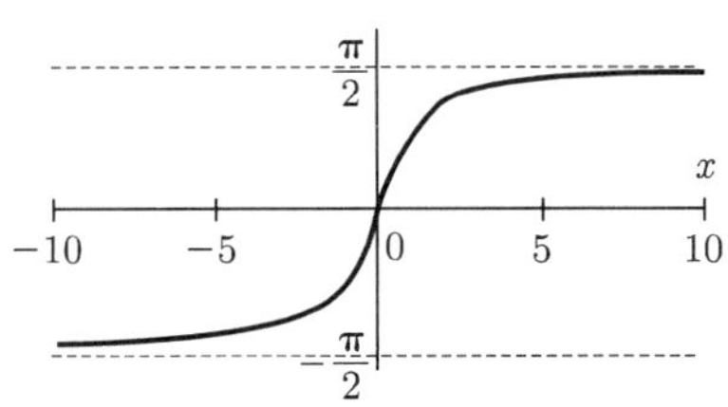

$y=\tan^{-1}x$

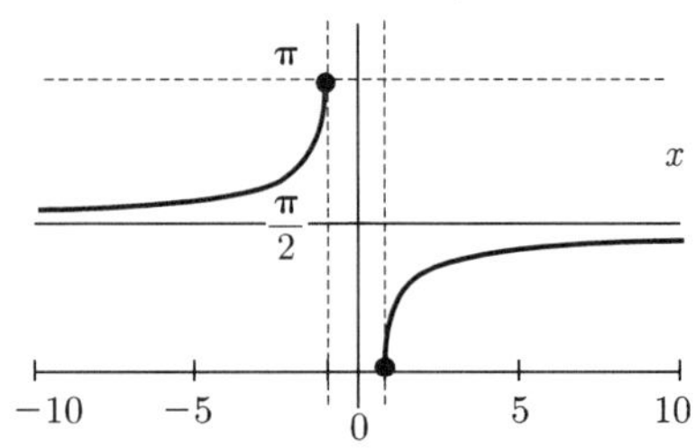

$y=\sec^{-1}x$

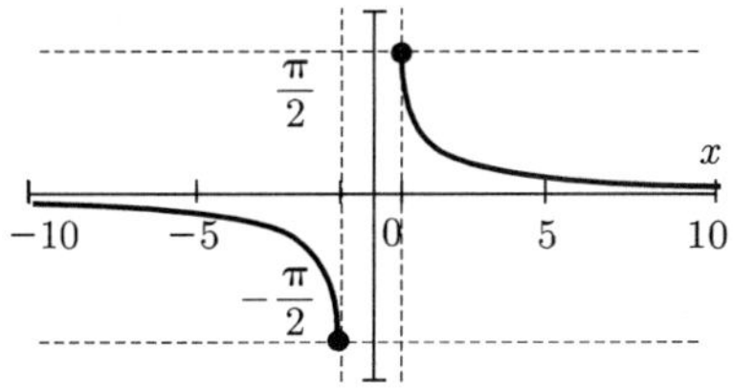

$y = \csc^{-1}x$

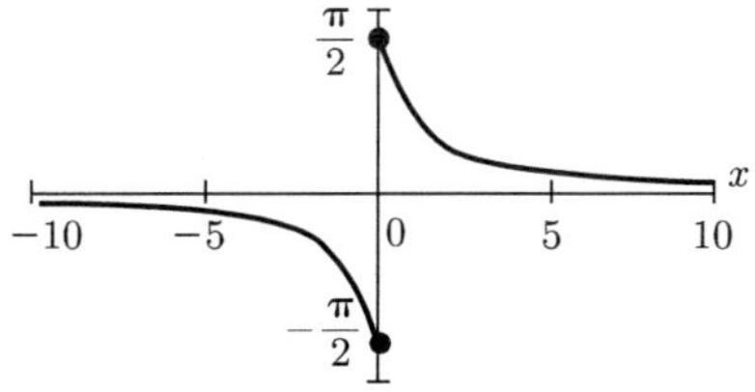

$y = \cot^{-1}x$

그림 2.5 역삼각함수의 그래프

예제 2.16 다음 식의 값을 구하여라.

(1) $\sin^{-1}\dfrac{1}{2}$ (2) $\cos^{-1}\left(-\dfrac{1}{2}\right)$

풀이 (1) $\sin^{-1}\dfrac{1}{2} = x$ 라 하면 $-\dfrac{\pi}{2} \le x \le \dfrac{\pi}{2}$ 에서 $\sin x = \dfrac{1}{2}$이므로 $x = \dfrac{\pi}{6}$이다.

(2) $\cos^{-1}\left(-\dfrac{1}{2}\right) = x$ 라 하면 $0 \le x \le \pi$ 에서 $\cos x = -\dfrac{1}{2}$ 이므로 $x = \dfrac{2\pi}{3}$이다.

문제 2.18 다음 식의 값을 구하여라.

(1) $\sin^{-1}\dfrac{1}{\sqrt{2}}$ (2) $\cos^{-1}\left(-\dfrac{\sqrt{2}}{2}\right)$

(3) $\tan^{-1}\sqrt{3}$ (4) $\cot^{-1}\sqrt{3}$

역삼각함수의 미분 공식은 다음과 같다.

정리 2.16

(1) $(\sin^{-1}x)' = \dfrac{1}{\sqrt{1-x^2}}$ (2) $(\cos^{-1}x)' = -\dfrac{1}{\sqrt{1-x^2}}$

(3) $(\tan^{-1}x)' = \dfrac{1}{1+x^2}$ (4) $(\cot^{-1}x)' = -\dfrac{1}{1+x^2}$

(5) $(\sec^{-1}x)' = \dfrac{1}{x\sqrt{x^2-1}}$ (6) $(\csc^{-1}x)' = -\dfrac{1}{x\sqrt{x^2-1}}$

증명 (1) $y=\sin^{-1}x$ 이면 $x=\sin y$ 이다. 음함수 미분법에 의하여

$1=\cos y\, y'$ 이므로 $y'=\dfrac{1}{\cos y}$

$-\dfrac{\pi}{2}\le y\le\dfrac{\pi}{2}$ 에서 $\cos y\ge 0$ 이므로

$$\cos y=\sqrt{1-\sin^2 y}=\sqrt{1-x^2}$$

이고, 따라서

$$y'=\frac{1}{\cos y}=\frac{1}{\sqrt{1-x^2}}$$

(2) $y=\cos^{-1}x$ 이면 $x=\cos y$ 이다. 음함수 미분법에 의하여

$1=-\sin y\, y'$ 이므로 $y'=-\dfrac{1}{\sin y}$

$0\le y\le\pi$ 에서 $\sin y\ge 0$ 이므로

$$\sin y=\sqrt{1-\cos^2 y}=\sqrt{1-x^2}$$

이고, 따라서

$$y'=-\frac{1}{\sin y}=-\frac{1}{\sqrt{1-x^2}}$$

(3) $y=\tan^{-1}x$ 이면 $x=\tan y$ 이다. 역함수 미분법에 의하여

$$y'=\frac{dy}{dx}=\frac{1}{\frac{dx}{dy}}=\frac{1}{\sec^2 y}=\frac{1}{1+\tan^2 y}=\frac{1}{1+x^2}$$

(4) $y=\cot^{-1}x$ 이면 $x=\cot y$ 이다. 역함수 미분법에 의하여

$$y'=\frac{dy}{dx}=\frac{1}{\frac{dx}{dy}}=-\frac{1}{\csc^2 y}=-\frac{1}{1+\cot^2 y}=-\frac{1}{1+x^2}$$ ◀

예제 2.17 다음 함수를 미분하여라.

(1) $y=\sin^{-1}(2x-1)$　　(2) $y=\tan^{-1}(x^3)$

풀이 (1) $y'=\dfrac{(2x-1)'}{\sqrt{1-(2x-1)^2}}=\dfrac{2}{\sqrt{4x-4x^2}}=\dfrac{1}{\sqrt{x-x^2}}$

(2) $y'=\dfrac{(x^3)'}{1+(x^3)^2}=\dfrac{3x^2}{1+x^6}$

문제 2.19 다음 함수를 미분하여라.

(1) $y=\sin^{-1}(x^2)$　　(2) $y=x\tan^{-1}x$

(3) $y=\cos^{-1}\dfrac{x}{2}$　　(4) $y=(\sin^{-1}x)^2$

■ 쌍곡선함수

삼각함수 $y=e^x$과 $y=e^{-x}$으로부터 유도되는 특수한 함수인 쌍곡선함수에 대하여 살펴본다. 쌍곡선함수는 삼각함수와 동일하거나 매우 비슷한 성질을 갖는다. 쌍곡선함수는 두 전신주에 매달려 있는 전선의 늘어진 모양 또는 교량의 아치 모양을 설명하는 데 매우 중요한 수학적 도구로 사용된다. 특히 삼각함수는 원 $x^2+y^2=1$과 관련이 있으나, 쌍곡선함수는 $x^2-y^2=1$ 과 관련된다.

$$\sinh x=\frac{e^x-e^{-x}}{2} \qquad \cosh x=\frac{e^x+e^{-x}}{2}$$

$$\tanh x=\frac{\sinh x}{\cosh x}=\frac{e^x-e^{-x}}{e^x+e^{-x}} \qquad \operatorname{sech} x=\frac{1}{\cosh x}=\frac{2}{e^x+e^{-x}}$$

$$\operatorname{csch} x=\frac{1}{\sinh x}=\frac{2}{e^x-e^{-x}} \qquad \coth x=\frac{\cosh x}{\sinh x}=\frac{e^x+e^{-x}}{e^x-e^{-x}}$$

이때, $y=\sinh x$를 **쌍곡선사인함수**라 하고, $y=\cosh x$를 **쌍곡선코사인함수**라 한다. 또한 $y=\sinh x$와 $y=\cosh x$에 의하여 생성되는 **쌍곡선탄젠트함수**, **쌍곡선시컨트함수**, **쌍곡선코시컨트함수**, **쌍곡선코탄젠트함수**의 그래프는 다음과 같다.

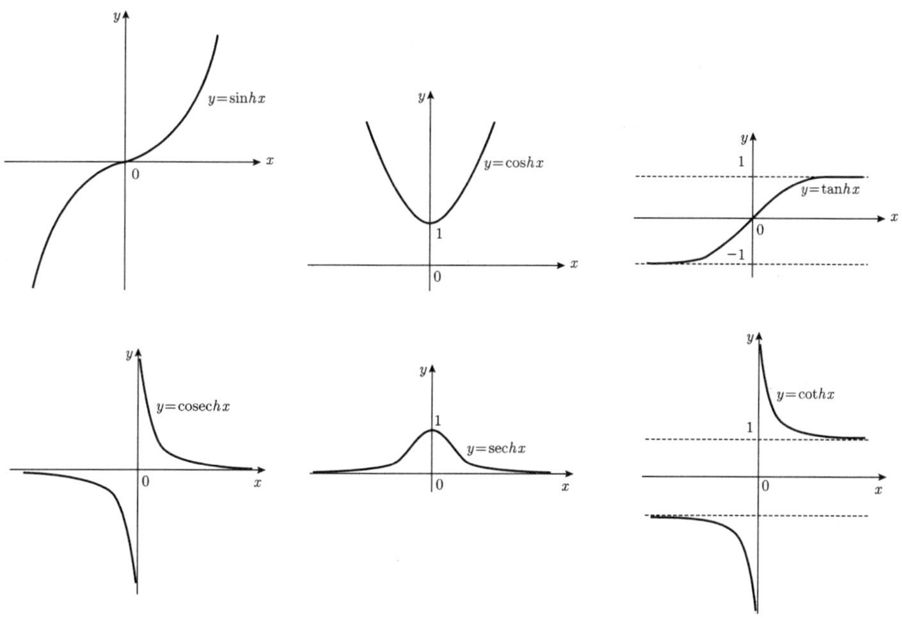

그림 2.6 쌍곡선 함수의 그래프

쌍곡선함수는 삼각함수에서 성립하는 여러 가지 성질과 동일하거나 매우 흡사한 성질을 갖는다. 특히 쌍곡선함수에 대하여 다음과 같은 항등식이 성립한다.

정리 2.17

(1) $\sinh(-x) = -\sinh x$ (2) $\cosh x = \sinh x$ (3) $\tanh(-x) = -\tanh x$

(4) $\cosh^2 x - \sinh^2 x = 1$ (5) $1 - \tanh^2 x = \operatorname{sech}^2 x$ (6) $\coth^2 x - 1 = \operatorname{csch}^2 x$

(7) $\sinh(x+y) = \sinh x \cosh y + \cosh x \sinh y$

(8) $\cosh(x+y) = \cosh x \cosh y + \sinh x \sinh y$

(9) $\tanh(x+y) = \dfrac{\tanh x + \tanh y}{1 + \tanh x \tanh y}$

증명 (1) $\sinh(-x) = \dfrac{e^{-x} - e^{-(-x)}}{2} = \dfrac{e^{-x} - e^{x}}{2} = -\dfrac{e^{x} - e^{-x}}{2} = -\sinh x$

(4) $\cosh^2 x - \sinh^2 x = \left(\dfrac{e^x + e^{-x}}{2}\right)^2 - \left(\dfrac{e^x - e^{-x}}{2}\right)^2 = 1$

(7) $\sinh x \cosh y + \cosh x \sinh y$

$$
\begin{aligned}
&= \left(\frac{e^x - e^{-x}}{2}\right)\left(\frac{e^y + e^{-y}}{2}\right) + \left(\frac{e^x + e^{-x}}{2}\right)\left(\frac{e^y - e^{-y}}{2}\right) \\
&= \frac{1}{4}\left[(e^{x+y} + e^{x-y} - e^{-x+y} - e^{-x-y}) + (e^{x+y} - e^{x-y} + e^{-x+y} - e^{-x-y})\right] \\
&= \frac{1}{4}(2e^{x+y} - 2e^{-x-y}) \\
&= \frac{e^{x+y} - e^{-(x+y)}}{2} \\
&= \sinh(x+y)
\end{aligned}
$$

◀

예제 2.18 $\sinh x = \dfrac{1}{3}$일 때, 나머지 쌍곡선함수의 함숫값을 구하여라.

풀이 $\cosh^2 x = 1 + \sinh^2 x = 1 + \left(\dfrac{1}{3}\right)^2 = \dfrac{10}{9}$이므로 $\cosh x = \dfrac{\sqrt{10}}{3}$이고 다른 쌍곡선함수의 함숫값은 다음과 같다.

$$
\tanh x = \frac{\sinh x}{\cosh x} = \frac{\frac{1}{3}}{\frac{\sqrt{10}}{3}} = \frac{1}{\sqrt{10}}
$$

$$\coth x = \frac{1}{\tanh x} = \sqrt{10}$$

$$\operatorname{sech} x = \frac{1}{\cosh x} = \frac{3}{\sqrt{10}}$$

$$\operatorname{csch} x = \frac{1}{\sinh x} = 3$$

문제 2.20 $\tanh x = \frac{4}{5}$일 때, 나머지 쌍곡선함수의 함숫값을 구하여라.

쌍곡선함수의 미분 공식은 다음과 같다.

정리 2.18

(1) $(\sinh x)' = \cosh x$

(2) $(\cosh x)' = \sinh x$

(3) $(\tanh x)' = \operatorname{sech}^2 x$

(4) $(\coth x)' = -\operatorname{csch}^2 x$

(5) $(\operatorname{sech} x)' = -\operatorname{sech} x \tanh x$

(6) $(\operatorname{csch} x) = -\operatorname{csch} x \coth x$

증명 (1) $(\sinh x)' = \left(\frac{e^x - e^{-x}}{2}\right)' = \frac{e^x + e^{-x}}{2} = \cosh x$

(3) $(\tanh x)' = \left(\frac{\sinh x}{\cosh x}\right)' = \frac{\cosh^2 x - \sinh^2 x}{\cosh^2 x} = \frac{1}{\cosh^2 x} = \operatorname{sech}^2 x$ ◀

예제 2.19 다음 함수를 미분하여라.

(1) $y = \sinh(x^2 + 1)$

(2) $y = \tanh\sqrt{1+x^2}$

(3) $y = \sinh x \cosh x$

(4) $y = \operatorname{sech}(\ln x)$

풀이 (1) $y' = \cosh(x^2+1) \cdot (x^2+1)' = 2x\cosh(x^2+1)$

(2) $y' = \operatorname{sech}^2\sqrt{1+x^2} \cdot \left(\sqrt{1+x^2}\right)'$

$$= \operatorname{sech}^2\sqrt{1+x^2} \cdot \frac{x}{\sqrt{1+x^2}}$$

$$= \frac{x\operatorname{sech}^2\sqrt{1+x^2}}{\sqrt{1+x^2}}$$

(3) $y' = (\sinh x)' \cosh x + \sinh x (\cosh x)'$

$= \cosh^2 x + \sinh^2 x$

(4) $y' = -\operatorname{sech}(\ln x)\tanh(\ln x) \cdot (\ln x)'$

$= -\dfrac{\operatorname{sech}(\ln x)\tanh(\ln x)}{x}$

문제 2.21 다음 함수를 미분하여라.

(1) $y = \sinh^4 x$ (2) $y = e^x \sinh x$

(3) $y = x^2 \operatorname{sech} x$ (4) $y = \cosh(x^4)$

■ 역쌍곡선함수

쌍곡선함수들은 지수함수에 의하여 정의되므로 역쌍곡선함수는 로그함수로 표현된다.

정리 2.19

(1) $\sinh^{-1} x = \ln(x + \sqrt{x^2+1})$

(2) $\cosh^{-1} x = \ln(x + \sqrt{x^2-1})$, $x \geq 1$

(3) $\tanh^{-1} x = \dfrac{1}{2}\ln\left(\dfrac{1+x}{1-x}\right)$, $-1 < x < 1$

(4) $\coth^{-1} x = \dfrac{1}{2}\ln\left(\dfrac{1+x}{1-x}\right)$, $|x| > 1$

(5) $\operatorname{sech}^{-1} x = \ln\left(\dfrac{1+\sqrt{1-x^2}}{x}\right)$, $0 < x \leq 1$

(6) $\operatorname{csch}^{-1} x = \ln\left(\dfrac{1}{x} + \dfrac{\sqrt{1+x^2}}{|x|}\right)$, $x \neq 0$

증명 (1) $y = \sinh^{-1} x$ 라 두면 $x = \sinh y = \dfrac{e^y - e^{-y}}{2}$ 이므로

$$e^y - 2x - e^{-y} = 0$$

양변에 e^y 를 곱하면

$$(e^y)^2 - 2x e^y - 1 = 0$$

이것은 e^y 에 관한 이차방정식이다. 따라서 근의 공식에 의하여

$$e^y = \frac{2x \pm \sqrt{4x^2+4}}{2} = x \pm \sqrt{x^2+1}$$

여기서 $e^y > 0$ 이므로 $e^y = x + \sqrt{x^2+1}$

그러므로 $y = \ln(e^y) = \ln(x + \sqrt{x^2+1})$

(3) $y = \tanh^{-1} x$ 라 두면 $x = \tanh y = \dfrac{e^y - e^{-y}}{e^y + e^{-y}}$ 이므로

$$(e^y + e^{-y})x = e^y - e^{-y}$$

양변에 e^y 를 곱하면

$$xe^{2y} + x = e^{2y} - 1$$

즉, $e^{2y} = \dfrac{1+x}{1-x}$

그러므로 $2y = \ln\left(\dfrac{1+x}{1-x}\right)$ 이며 $y = \dfrac{1}{2}\ln\left(\dfrac{1+x}{1-x}\right)$ ◀

•문제 2.22 $\cosh^{-1} x = \ln(x + \sqrt{x^2-1})$ $(x \geq 1)$ 임을 보여라.

역쌍곡선함수의 미분 공식은 다음과 같다.

정리 2.20

(1) $(\sinh^{-1} x)' = \dfrac{1}{\sqrt{x^2+1}}$　　(2) $(\cosh^{-1} x)' = \dfrac{1}{\sqrt{x^2-1}}$

(3) $(\tanh^{-1} x)' = \dfrac{1}{1-x^2}$　　(4) $(\coth^{-1} x)' = \dfrac{1}{1-x^2}$

(5) $(\text{sech}^{-1} x)' = -\dfrac{1}{x\sqrt{1-x^2}}$　　(6) $(\text{csch}^{-1} x) = -\dfrac{1}{|x|\sqrt{x^2+1}}$

증명 (1) $(\sinh^{-1} x)' = \left(\ln(x + \sqrt{x^2+1})\right)'$

$$= \frac{1}{x+\sqrt{x^2+1}} \cdot \left(x + \sqrt{x^2+1}\right)'$$

$$= \frac{1}{x+\sqrt{x^2+1}}\left(1 + \frac{x}{\sqrt{x^2+1}}\right)$$

$$= \frac{\sqrt{x^2+1}+x}{(x+\sqrt{x^2+1})\sqrt{x^2+1}}$$

$$= \frac{1}{\sqrt{x^2+1}}$$

(3) $y = \tanh^{-1} x$ 라 놓으면, $\tanh y = x$ 이다. 음함수 미분법에 의하여 이 식을 x 에 관하여 미분하면

$$\operatorname{sech}^2 y\, y' = 1$$

$$y' = \frac{1}{\operatorname{sech}^2 y} = \frac{1}{1-\tanh^2 y} = \frac{1}{1-x^2}$$ ◀

예제 2.20 다음 함수를 미분하여라.

(1) $y = \cosh^{-1}(x^2)$　　(2) $y = \tanh^{-1}(\sin x)$

풀이 (1) $y' = \dfrac{1}{\sqrt{(x^2)^2-1}} \cdot (x^2)' = \dfrac{2x}{\sqrt{x^4-1}}$

(2) $y' = \dfrac{1}{1-(\sin x)^2} \cdot (\sin x)' = \dfrac{\cos x}{1-\sin^2 x} = \dfrac{\cos x}{\cos^2 x} = \sec x$

문제 2.23 다음 함수를 미분하여라.

(1) $y = x \sinh^{-1}(x^2)$　　(2) $y = x \tanh^{-1} x$

(3) $y = \coth^{-1}\sqrt{x^2+1}$　　(4) $y = \operatorname{sech}^{-1}\sqrt{1-x^2}$, $x > 0$

1. 함수 $f(x)=x^2-1$ 에 대하여

(1) x가 1에서 $1+\Delta x$까지 변할 때의 평균변화율을 구하여라.

(2) $x=1$에서의 순간변화율을 구하여라.

2. 다음 함수의 미분계수 $f'(a)$를 구하여라.

(1) $f(x)=x^3+3x$

(2) $f(x)=\sqrt{x-1}$

3. 도함수의 정의에 의하여 다음 함수의 도함수를 구하여라.

(1) $f(x)=\dfrac{x+1}{x-1}$

(2) $f(x)=\sqrt{2x+1}$

4. $f(x)=3x^2-5x$ 일 때, $f'(2)$를 구하고 이것을 이용하여 점 $(2, 2)$에서의 접선의 방정식을 구하여라.

5. 다음 함수의 도함수를 구하여라.

(1) $y=-3x^2+7x-1$

(2) $y=\dfrac{1}{3}x^3+x-3$

(3) $y=(-x+2)^3$

(4) $y=(2x+3)^7$

(5) $y=-\dfrac{5}{2x+1}$

(6) $y=\dfrac{1+x^2}{1-x^2}$

(7) $y=\dfrac{3}{x^2-1}$

(8) $y=\dfrac{2x-1}{(x^2+1)^3}$

(9) $y = \sqrt[3]{x^5 + x}$

(10) $y = \dfrac{1}{\sqrt{2x-1}}$

(11) $y = (x+1)\sqrt{x-1}$

(12) $y = \dfrac{x}{\sqrt{1+x}}$

(13) $y = \sqrt{2x+1}$

(14) $y = \sqrt{x+x^2}$

(15) $x^2 y = 1$

(16) $x^3 y^2 - x^2 = 1$

6. 다음 함수의 도함수를 구하여라.

(1) $y = \sin(2x+3)$

(2) $y = \sin x \cos x$

(3) $y = \tan(3x+1)$

(4) $y = x\sin^2 x$

(5) $y = \ln(x + \sqrt{1+x})$

(6) $y = e^x \ln(\sin x)$

(7) $y = \log_2(x^2+1)$

(8) $y = \tan 2^x$

(9) $y=\cos(2x+1)$

(10) $y=e^{x^2}\cos x$

(11) $y=\tan x+\cot x$

(12) $y=\sin(x^2+1)$

(13) $y=\dfrac{\sin x}{1+\cos x}$

(14) $y=e^{-2x}$

(15) $y=\ln\sqrt{1-x^2}$

(16) $y=xe^{-x}$

7. 다음 함수의 도함수를 구하여라.

(1) $y=\cos^{-1}\sqrt{x-1}$

(2) $y=\sin^{-1}(x^2-1)$

(3) $y=x^2\tan^{-1}x$

(4) $y=\tan^{-1}\sqrt{1+x^2}$

(5) $y=\cos^{-1}\dfrac{x^2-1}{x^2+1}$

(6) $y=x\sec^{-1}\sqrt{x}$

(7) $y=\tan^{-1}\dfrac{x}{2}$

(8) $y=x\tanh x$

(9) $y = \sinh(x^2+1)$

(10) $y = \cosh\sqrt{x^2+1}$

(11) $y = \tanh(\ln x)$

(12) $y = \mathrm{sech}(\ln x)$

(13) $y = \cosh^{-1}(\sec x)$

(14) $y = \sinh^{-1}(\sin x + \cos x)$

(15) $y = x\coth^{-1}\sqrt{x^2+1}$

(16) $y = \tanh^{-1}x + \ln\sqrt{1-x^2}$

8. 다음 식이 성립함을 보여라.

(1) $(\sec^{-1}x)' = \dfrac{1}{x\sqrt{x^2-1}}$

(2) $(\coth x)' = -\mathrm{csch}^2 x$

(3) $(\mathrm{csch}\, x)' = -\mathrm{csch}\, x\coth x$

(4) $(\cosh^{-1}x)' = \dfrac{1}{\sqrt{x^2-1}}$

CHAPTER 3

미분의 활용

3.1 평균값의 정리

■ 롤의 정리

함수 $f(x)$가 폐구간 $[a, b]$에서 연속이며, 개구간 (a, b)에서 미분가능한 경우 $f(a)=f(b)$ 이면, 구간 (a, b) 안에 x축과 평행한 접선이 존재한다는 **롤의 정리**가 알려져 있다.

정리 3.1

함수 $f(x)$가 폐구간 $[a, b]$에서 연속이며, 개구간 (a, b)에서 미분가능할 때, $f(a)=f(b)$ 이면

$$f'(c)=0$$

이 되는 c가 구간 (a, b) 안에 적어도 하나 존재한다.

■ 평균값의 정리

롤의 정리는 다음의 평균값 정리를 증명하는 데 이용된다.

정리 3.2

함수 $f(x)$가 폐구간 $[a, b]$에서 연속이며, 개구간 (a, b)에서 미분가능하면

$$\frac{f(b)-f(a)}{b-a}=f'(c)$$

이 되는 c가 구간 (a, b) 안에 적어도 하나 존재한다.

증명 오른쪽 그림에서 두 점 $P(a, f(a))$, $Q(b, f(b))$를 지나는 직선의 방정식은

$$y = \frac{f(b)-f(a)}{b-a}(x-a)+f(a)$$

이다. 함수 $f(x)$가 폐구간 $[a, b]$에서 연속이며, 개구간 (a, b)에서 미분가능할 때,

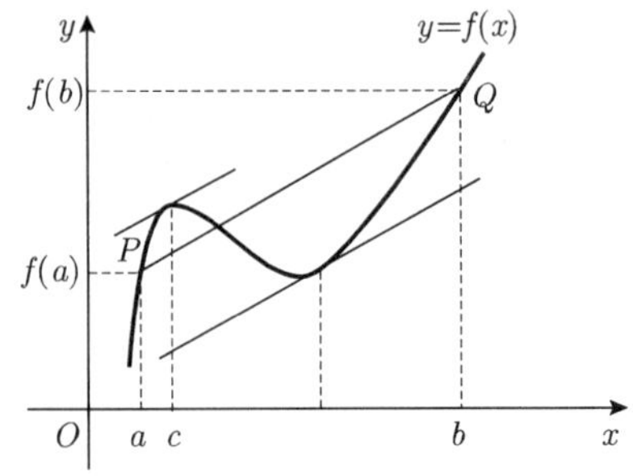

그림 3.1

$$g(x) = f(x) - \left\{\frac{f(b)-f(a)}{b-a}(x-a)+f(a)\right\}$$

라 놓으면, 함수 $g(x)$도 폐구간 $[a, b]$에서 연속이며, 개구간 (a, b)에서 미분가능하며, $g(a) = g(b) = 0$ 이다.

따라서 롤의 정리에 의하여

$$g'(c) = f'(c) - \frac{f(b)-f(a)}{b-a} = 0$$

즉, $\dfrac{f(b)-f(a)}{b-a} = f'(c)$

c가 구간 (a, b) 안에 적어도 하나 존재한다. ◀

예제 3.1 함수 $f(x) = \sin 2x$ 는 구간 $\left(0, \frac{\pi}{2}\right)$에서 미분가능하며 $f(0) = f\left(\frac{\pi}{2}\right) = 0$ 이다. $f'(c) = 0$ 을 만족하는 c를 $\left(0, \frac{\pi}{2}\right)$ 안에서 구하여라.

풀이 $f'(x) = 2\cos 2x$이므로 구간 $\left(0, \frac{\pi}{2}\right)$에서 $f'(x) = 0$의 해를 구하면 $x = \frac{\pi}{4}$이다.

따라서 $c = \frac{\pi}{4}$이다.

예제 3.2 함수 $f(x) = 3x^2 + 4x - 1$ 에 대하여 구간 $[1, 3]$에서 평균값의 정리를 만족시키는 c의 값을 구하여라.

풀이 구간 $[1, 3]$에서 $f(1) = 6$, $f(3) = 38$이고 $f'(x) = 6x + 4$이다.

$$\frac{f(3)-f(1)}{3-1} = 16 = f'(c)$$

$6c + 4 = 16$이므로 $c = 2$이다.

문제 3.1 다음 함수에 대하여 주어진 구간에서 롤의 정리를 만족시키는 c의 값을 구하여라.

(1) $f(x)=x^3-x$, $[-1,1]$ (2) $f(x)=\cos 2x$, $[0,\pi]$

문제 3.2 다음 함수에 대하여 주어진 구간에서 평균값의 정리를 만족시키는 c의 값을 구하여라.

(1) $f(x)=x^3+1$ $[-1,1]$ (2) $f(x)=\ln x$ $[1,e^2]$

■ 로피탈의 법칙

함수의 극한값을 구할 때, $\frac{0}{0}$, $\frac{\infty}{\infty}$꼴의 부정형이 나타나는 경우에는 다음의 **로피탈의 법칙**을 이용하면 그 극한값을 편리하게 구할 수 있다.

정리 3.3

함수 $f(x)$와 $g(x)$가 $x=a$를 포함하는 구간에서 미분가능하고, 이 근방에서 $g'(x)\neq 0$이며, $f(a)=g(a)=0$이면

$$\lim_{x\to a}\frac{f(x)}{g(x)}=\lim_{x\to a}\frac{f'(x)}{g'(x)}$$

이다.

증명 점 a근방의 x가 주어진 경우에

$$h(t)=f(x)g(t)-g(x)f(t)$$

라고 하면, $h(t)$는 미분가능하고

$$h(a)=f(x)g(a)-g(x)f(a)=0$$
$$h(x)=f(x)g(x)-g(x)f(x)=0$$

이므로, 롤의 정리로부터

$$h'(c)=f(x)g'(c)-g(x)f'(c)=0$$

인 c가 a와 x 사이에 존재함을 알 수 있다.

$$\therefore \lim_{x\to a}\frac{f(x)}{g(x)} = \lim_{x\to a}\frac{f'(c)}{g'(c)} = \lim_{x\to a}\frac{f'(x)}{g'(x)}$$ ◀

주의 함수 $f(x)$, $g(x)$가 모든 양수 x에 대하여 미분가능하고 $x\to\infty$일 때, $\frac{f(x)}{g(x)}$가 $\frac{\infty}{\infty}$인 경우에도 $\lim_{x\to\infty}\frac{f(x)}{g(x)} = \lim_{x\to\infty}\frac{f'(x)}{g'(x)}$이 성립한다.

보기 (1) $\lim_{x\to 0}\frac{1-\cos x}{x^2} = \lim_{x\to 0}\frac{\sin x}{2x} = \lim_{x\to 0}\frac{\cos x}{2} = \frac{1}{2}$

(2) $\lim_{x\to 0}\frac{e^x - e^{-x}}{x} = \lim_{x\to 0}\frac{e^x + e^{-x}}{1} = 2$

(3) $\lim_{x\to\infty}\frac{\ln x}{x} = \lim_{x\to\infty}\frac{\frac{1}{x}}{1} = 0$

문제 3.3 다음 함수의 극한값을 구하여라.

(1) $\lim_{x\to 0}\frac{e^x - 1}{\sin 2x}$

(2) $\lim_{x\to\infty}\frac{x^2}{e^x}$

(3) $\lim_{x\to 0}\frac{x-\sin x}{x^3}$

(4) $\lim_{x\to 0+}\frac{\ln x}{\cot x}$

3.2 함수의 극값과 최대·최소

■ 함수의 증가와 감소

함수 $y = f(x)$가 어떤 구간에 속하는 임의의 두 실수 x_1, x_2에 대하여, $x_1 < x_2$일 때, $f(x_1) < f(x_2)$이면, 함수 $f(x)$는 이 구간에서 **증가한다**고 하며, $x_1 < x_2$일 때, $f(x_1) > f(x_2)$이면, 함수 $f(x)$는 이 구간에서 **감소한다**고 한다.

평균값정리를 이용하여 함수 $f(x)$의 증가, 감소를 판정하는 방법을 알아보자.

정리 3.4

함수 $f(x)$가 어떤 구간에서
(1) $f'(x) > 0$이면 $f(x)$는 이 구간에서 증가한다.
(2) $f'(x) < 0$이면 $f(x)$는 이 구간에서 감소한다.

증명 함수 $y = f(x)$가 어떤 구간에서 미분가능할 때, 평균값의 정리에 의하여 그 구간에 속하는 임의의 두 값 x_1, $x_2 (x_1 < x_2)$에 대하여

$$\frac{f(x_2) - f(x_1)}{x_2 - x_1} = f'(c) \quad (x_1 < c < x_2)$$

를 만족하는 c가 존재한다.

(i) 이 구간에서 $f'(c) > 0$이면 $x_2 - x_1 > 0$이므로 $f(x_2) - f(x_1) > 0$.
따라서 $f(x_1) < f(x_2)$, 즉 함수 $f(x)$는 이 구간에서 증가한다.

(ii) 이 구간에서 $f'(c) < 0$이면 $x_2 - x_1 > 0$이므로 $f(x_2) - f(x_1) < 0$.
따라서 $f(x_1) > f(x_2)$, 즉 함수 $f(x)$는 이 구간에서 감소한다. ◀

예제 3.3 다음 함수의 증가, 감소를 조사하여라.

(1) $f(x) = x^3 - 12x$　　　(2) $f(x) = \dfrac{2}{x^2 + 3}$

풀이 (1) $f'(x) = 3x^2 - 12 = 3(x+2)(x-2)$이므로 $x < -2$ 또는 $x > 2$에서 증가, $-2 < x < 2$에서 감소한다.

(2) $f'(x) = -\dfrac{4x}{(x^2+3)^2}$이므로 $x < 0$에서 증가, $x > 0$에서 감소한다.

문제 3.4 다음 함수의 증가, 감소를 조사하여라.

(1) $f(x)=\dfrac{x}{x+1}$ (2) $f(x)=x^3-x^2-x+5$

■ 함수의 극값

함수 $y=f(x)$가 $x=a$의 좌우에서 함수 $f(x)$의 값이 증가상태에서 감소상태로 변하면, $f(x)$는 $x=a$에서 **극대**라 하고, $f(a)$를 **극댓값**이라고 한다. 또, $x=b$의 좌우에서 함수 $f(x)$의 값이 감소상태에서 증가상태로 변하면, $f(x)$는 $x=b$에서 **극소**라 하고, $f(b)$를 **극솟값**이라고 한다. 극댓값과 극솟값을 통틀어 **극값**이라고 한다.

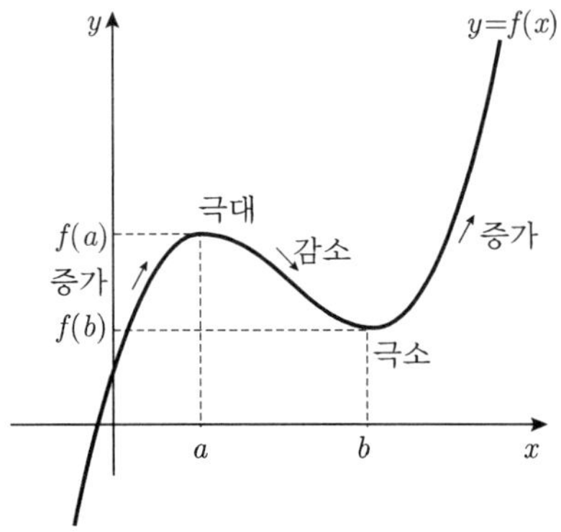

그림 3.2

극값 근방에서는 함수의 증가와 감소상태가 바뀌므로 미분가능한 함수에 대해서는 다음이 성립한다.

정리 3.5

함수 $f(x)$가 $x=a$에서 미분가능하고, $x=a$에서 극값을 가지면

$$f'(a)=0$$

이 된다.

증명 $f(x)$가 $x=a$에서 극대가 된다고 하자. $|h|$가 충분히 작을 때, Δx에 대하여

$$h>0 \text{ 이면, } \frac{f(a+h)-f(a)}{h}<0$$

$$h < 0 \text{ 이면, } \frac{f(a+h)-f(a)}{h} > 0$$

그런데, 함수 $f(x)$가 $x=a$에서 미분가능하므로

$$0 \le \lim_{h \to 0-} \frac{f(a+h)-f(a)}{h} = \lim_{h \to 0+} \frac{f(a+h)-f(a)}{h} \le 0$$

$$\therefore\ f'(a)=0$$

극솟값을 가질 경우에도 같은 방법으로 $f'(a)=0$ 이다. ◀

주의 정리 3.5의 역은 성립하지 않는다. 예로써, $f(x)=x^3$은 $f'(x)=3x^2$이므로 $f'(0)=0$이지만, $x=0$에서 극대도 극소도 아니다.

함수 $f(x)$가 $x=a$의 좌우에서 미분가능할 때, $f'(x)$의 부호의 변화에 따라 다음과 같이 함수의 극대와 극소를 판정할 수 있다.

정리 3.6

함수 $f(x)$에 대하여 $f'(a)=0$이며

(1) $f'(x)$의 부호가 $x=a$의 좌우에서 $+$ 에서 $-$ 로 변하면, $f(x)$는 $x=a$에서 극대이고, 극댓값은 $f(a)$이다.

(2) $f'(x)$의 부호가 $x=a$의 좌우에서 $-$ 에서 $+$ 로 변하면, $f(x)$는 $x=a$에서 극소이고, 극솟값은 $f(a)$ 이다.

예제 3.4 다음 함수의 극값을 구하라.

(1) $f(x)=2x^3+3x^2-12x-4$

(2) $f(x)=x\ln x$

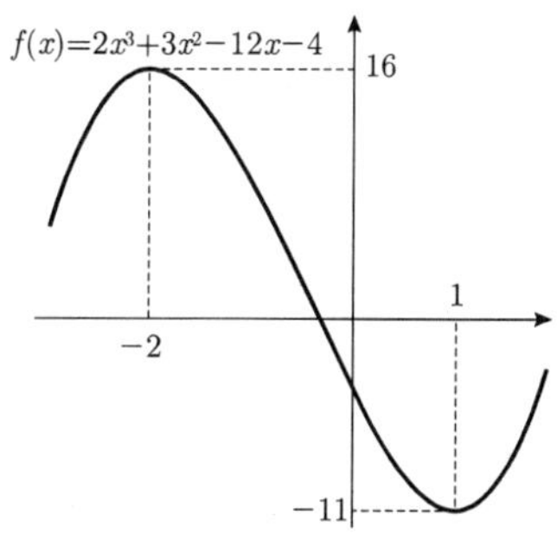

그림 3.3

풀이 (1) $f'(x)=6x^2+6x-12=6(x+2)(x-1)$이므로 $f'(x)=0$를 만족하는 x는 $-2,\ 1$이다. 그러므로 함수 $f(x)$의 증가, 감소는 다음과 같다.

x	$\cdots$	-2	$\cdots$	1	$\cdots$
$f'(x)$	$+$	0	$-$	0	$+$
$f(x)$	↗	16	↘	-11	↗

그러므로 극댓값은 $f(-2)=16$이고, 극솟값은 $f(1)=-11$이다.

(2) $f'(x)=\ln x+1$ 이므로 $f'(x)=0$을 만족하는 x는 $\frac{1}{e}$이다. 그러므로 $x>0$일 때, 함수 $f(x)$의 증가, 감소는 다음과 같다.

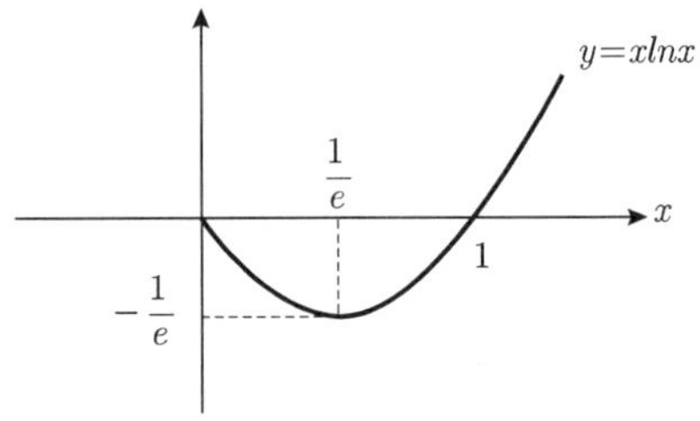

그림 3.4

x	0	$\cdots$	$\frac{1}{e}$	$\cdots$
$f'(x)$		$-$	0	$+$
$f(x)$		↘	$-\frac{1}{e}$	↗

따라서 $x=\frac{1}{e}$일 때 극소이고, 극솟값은 $-\frac{1}{e}$이다.

문제 3.5 다음 함수의 극값을 구하여라.

(1) $f(x)=x^3-3x$

(2) $f(x)=x+2\sin x \quad [0,\ 2\pi]$

(3) $f(x)=x\,e^{2x}$

(4) $f(x)=\dfrac{3x-4}{x^2+1}$

■ 함수의 오목, 볼록과 변곡점

함수 $f(x)$가 구간 $[a,\ b]$에서 정의되고, 이 구간에서 곡선 $y=f(x)$ 위의 두 점 P, Q에 대하여 P, Q를 잇는 곡선의 호가 선분 PQ의 아래쪽에 있을 때, 곡선 $y=f(x)$는 이

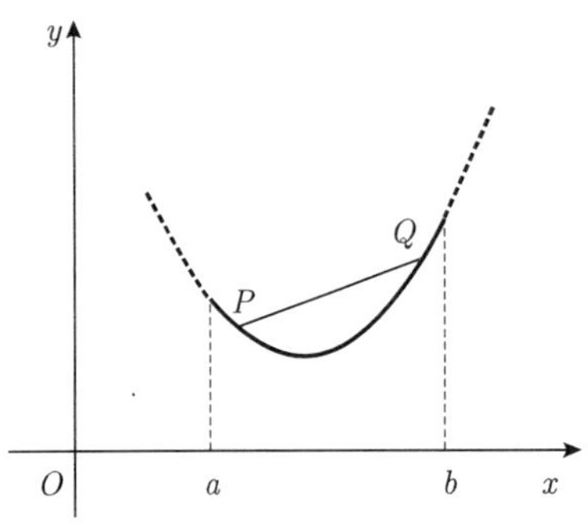

아래로 볼록

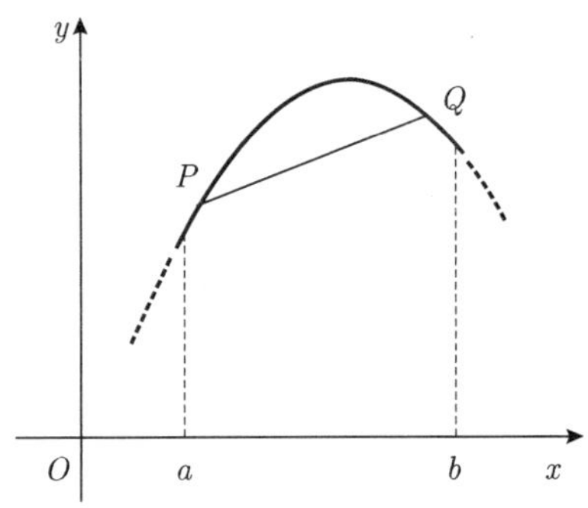

위로 볼록

그림 3.5

구간에서 **아래로 볼록**하다고 한다. 또한 이 호가 선분의 위쪽에 있을 때, 곡선 $y=f(x)$는 이 구간에서 **위로 볼록**하다고 한다.

보기 (1) 함수 $y=x^2$ 은 $(-\infty, \infty)$ 에서 아래로 볼록하다.
(2) 함수 $y=-x^2$ 은 $(-\infty, \infty)$ 에서 아래로 오목하다.

함수 $f(x)$ 가 두 번 미분가능할 때에는 이계도함수 $f''(x)$ 의 부호를 조사함으로써, 곡선 $y=f(x)$의 오목, 볼록을 알아볼 수 있다.

정리 3.7

함수 $f(x)$가 어떤 구간에서 두 번 미분가능할 때
(1) $f''(x)>0$이면, 곡선 $y=f(x)$는 그 구간에서 아래로 볼록하다.
(2) $f''(x)<0$이면, 곡선 $y=f(x)$는 그 구간에서 위로 볼록하다.

곡선 $y=f(x)$ 위의 한 점의 좌우에서 곡선의 모양이 아래로 볼록에서 아래로 오목 또는 아래로 오목에서 아래로 볼록으로 변할 때, 이 점을 **변곡점**이라 한다. 아래 그림에서 점 $P(a, f(a))$가 곡선 $y=f(x)$의 변곡점이다.

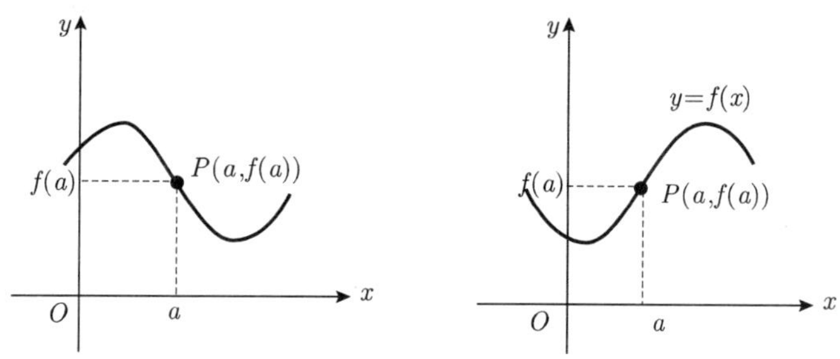

그림 3.6

주의 점 $(a, f(a))$가 변곡점이면 $f''(a)=0$ 이지만, 그 역이 항상 성립하지는 않는다. 예를 들어 $f(x)=x^4$에서 $f''(0)=0$ 이지만 점 $(0, 0)$은 변곡점이 아니다.

함수 $f(x)$의 이계도함수 $f''(x)$의 부호를 조사하여 다음과 같이 함수의 극대와 극소를 판정할 수 있다.

정리 3.8

함수 $y=f(x)$에서 $f'(a)=0$일 때

(1) $f''(a)>0$이면, $x=a$에서 $f(x)$는 극소이다.

(2) $f''(a)<0$이면, $x=a$에서 $f(x)$는 극대이다.

예제 3.5 다음 함수의 극값 및 변곡점을 구하여라.

(1) $f(x)=x^3-3x^2-9x+1$ (2) $y=x^4-4x^3+3$

풀이 (1) $f'(x)=3x^2-6x-9=3(x-3)(x+1)$, $f''(x)=6x-6=6(x-1)$

$$f'(x)=0 \text{ 에서 } x=-1,\ 3$$
$$f''(x)=0 \text{ 에서 } x=1$$

x	$\cdots$	-1	$\cdots$	1	$\cdots$	3	$\cdots$
$f'(x)$	$+$	0	$-$	$-$	$-$	0	$+$
$f''(x)$		$-$	$-$	0	$+$	$+$	
$f(x)$	↗	극대	↘	변곡점	↘	극소	↗

따라서 $x=-1$ 에서 극댓값 6, $x=3$ 에서 극솟값 -26, 변곡점 $(1,-10)$

(2) $f'(x)=4x^3-12x^2=4x^2(x-3)$, $f''(x)=12x^2-24x=12x(x-2)$

$$f'(x)=0 \text{ 에서 } x=0,\ 3$$
$$f''(x)=0 \text{ 에서 } x=0,\ 2$$

x	$\cdots$	0	$\cdots$	2	$\cdots$	3	$\cdots$
$f'(x)$	$-$	0	$-$	$-$	$-$	0	$+$
$f''(x)$	$+$	0	$-$	0	$+$	$+$	
$f(x)$	↘	변곡점	↘	변곡점	↘	극소	↗

따라서 $x=3$에서 극솟값 -24, 변곡점 $(0,3)$, $(2,-13)$ 이다. 그래프는 다음과 같다.

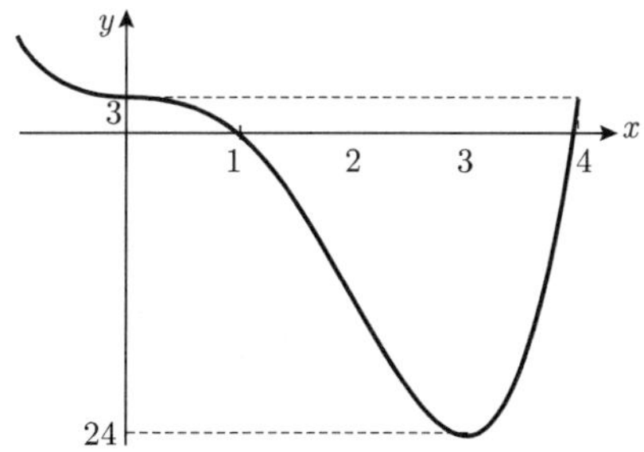

그림 3.7

예제 3.6 함수 $f(x)=\dfrac{x}{x^2+1}$ 의 그래프를 그려라.

풀이 (i) 주어진 함수의 정의역은 $(-\infty, \infty)$ 이다.

(ii) $x=0$ 일 때, $y=0$ 이므로 원점을 지난다.

(iii) $f'(x)=-\dfrac{(x+1)(x-1)}{(x^2+1)^2}$

$$f''(x)=\frac{2x(x+\sqrt{3})(x-\sqrt{3})}{(x^2+1)^3}$$

이므로 $f'(x)=0$ 에서 $x=-1,\ 1$

$f''(x)=0$ 에서 $x=0$ 또는 $x=\pm\sqrt{3}$

x	$\cdots$	$-\sqrt{3}$	$\cdots$	-1	$\cdots$	0	$\cdots$	1	$\cdots$	$\sqrt{3}$	$\cdots$
y'	$-$	$-$	$-$	0	$+$	$+$	$+$	0	$-$	$-$	$-$
y''	$-$	0	$+$	$+$	$+$	0	$-$	$-$	$-$	0	$+$
y	↘	변곡점	↘	극소	↗	변곡점	↗	극대	↘	변곡점	↘

따라서 $x=1$ 일 때 극댓값은 $\dfrac{1}{2}$, $x=-1$ 일 때 극솟값은 $-\dfrac{1}{2}$

변곡점은 $(0, 0)$, $\left(\sqrt{3}, \dfrac{\sqrt{3}}{4}\right)$, $\left(-\sqrt{3}, -\dfrac{\sqrt{3}}{4}\right)$

(iv) $\displaystyle\lim_{x\to\pm\infty} f(x)=0$ 이므로 x 축이 점근선이다.

(v) $f(-x)=-f(x)$이므로 원점에 대하여 대칭이다.

(i)~(v)의 결과를 이용하여 그래프를 그리면 다음과 같다.

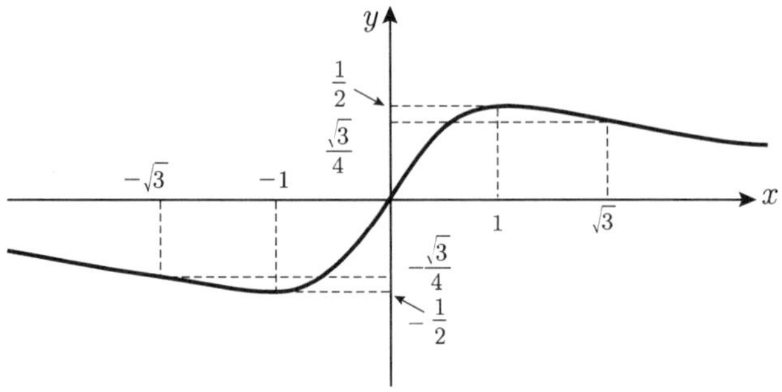

그림 3.8

문제 3.6 다음 함수의 그래프를 그려라.

(1) $y = 3x^4 - 4x^3 + 1$　　　　(2) $y = \dfrac{2}{x^2+1}$

■ 함수의 최댓값과 최솟값

일반적으로, 함수 $f(x)$가 폐구간 $[a, b]$에서 연속일 때, $f(x)$의 극댓값, 극솟값, $f(a)$, $f(b)$ 가운데서 가장 큰 값이 최댓값, 가장 작은 값이 최솟값이다.

예제 3.7 다음 함수의 최댓값과 최솟값을 구하여라.

(1) $f(x) = -x^3 + 3x^2$, $[-1, 4]$

(2) $f(x) = x^4 - 2x^2$

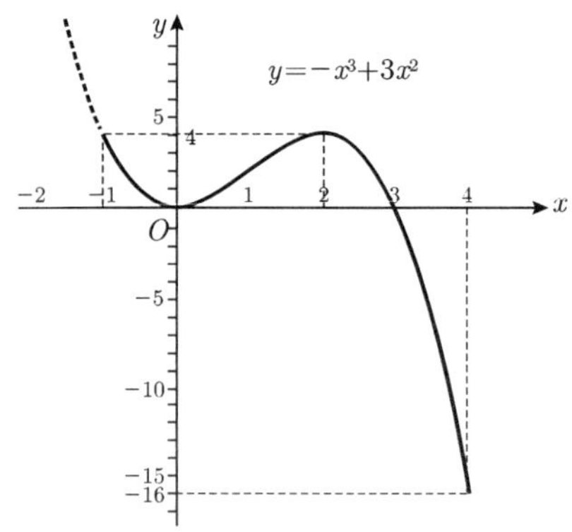

그림 3.9

풀이 (1) $f'(x) = -3x^2 + 6x = -3x(x-2)$이므로 $f'(x) = 0$이면, $x = 0, 2$이다. 증감표는 다음과 같다.

x	-1	$\cdots$	0	$\cdots$	2	$\cdots$	4
$f'(x)$		$-$	0	$+$	0	$-$	
$f(x)$	4	↘	0	↗	4	↘	-16

따라서 최댓값은 $f(-1) = f(2) = 4$, 최솟값은 $f(4) = 16$이다.

(2) $f'(x) = 4x^3 - 4x = 4x(x+1)(x-1)$

이므로 $f'(x) = 0$을 만족하는 x는 $0, -1, 1$이다.

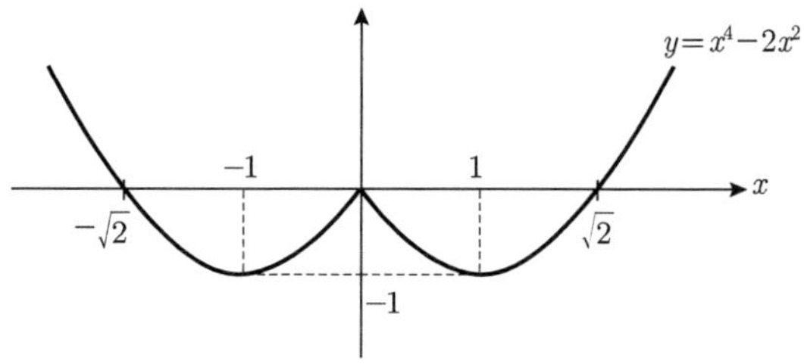

그림 3.10

x	$\cdots$	-1	$\cdots$	0	$\cdots$	1	$\cdots$
$f'(x)$	$-$	0	$+$	0	$-$	0	
$f(x)$	↘	-1	↗	0	↘	-1	↗

따라서 최솟값은 -1, 최댓값은 없다.

문제 3.7 다음 함수의 최댓값과 최솟값을 구하여라.

(1) $f(x) = 2x^3 - 9x^2 + 12x - 2$, $[0, 3]$

(2) $f(x) = x^3 - 9x^2 + 24x - 7$, $[-1, 3]$

(3) $f(x) = x\sin x + \cos x$, $[0, \pi]$

(4) $f(x) = x^2 e^{-x}$, $[0,3]$

3.3 함수의 전개

■ Taylor 정리

다음의 Taylor의 정리는 평균값 정리의 확장이다.

정리 3.9

함수 $f(x)$가 $f(x), f'(x), \cdots, f^{(n-1)}(x)$가 $[a, b]$에서 연속이고, $f^{(n-1)}(x)$가 (a, b)에서 미분가능이면

$$f(b) = f(a) + \frac{f'(a)}{1!}(b-a) + \frac{f''(a)}{2!}(b-a)^2 + \cdots + \frac{f^{(n-1)}(a)}{(n-1)!}(b-a)^{n-1} + R_n,$$

$$R_n = \frac{f^{(n)}(c)}{n!}(b-a)^n, \quad a < c < b$$

인 c가 적어도 하나 존재한다.

증명 $$f(b) = f(a) + \frac{f'(a)}{1!}(b-a) + \frac{f''(a)}{2!}(b-a)^2 + \cdots + \frac{f^{(n-1)}(a)}{(n-1)!}(b-a)^{n-1} + \frac{k}{n!}(b-a)^n \quad \cdots\cdots ①$$

이라 두면, k는 상수이다. 이때,

$$F(x) = f(b) - f(x) - \frac{f'(x)}{1!}(b-x) - \frac{f''(x)}{2!}(b-x)^2 + \cdots - \frac{f^{(n-1)}(x)}{(n-1)!}(b-x)^{n-1} - \frac{k}{n!}(b-x)^n$$

이라 하면, $F(x)$는 $F(a) = F(b) = 0$ 이며, $[a, b]$에서 연속이고, (a, b)에서 미분 가능이다. 그러므로 롤의 정리에 의하여 $F'(c) = 0 \quad (a < c < b)$ 인 c가 적어도 하나 존재한다. 따라서

$$F'(c) = -\frac{f^{(n)}(c)}{(n-1)!}(b-c)^{n-1} + \frac{k}{(n-1)!}(b-c)^{n-1} = 0$$

에 의하여 $k = f^{(n)}(c)$임을 알 수 있으며, 이것을 식 ①에 대입하면 본 정리를 얻는다. ◀

정리 3.9를 함수 $f(x)$의 **Taylor 정리**라 하고 주어진 R_n을 **Lagrange 잉여**라 한다.

$$c = a + \theta(b-a), \quad (0 < \theta < 1)$$

라고 두면

$$R_n = \frac{f^{(n)}(a+\theta(b-a))}{n!}(b-a)^n, \quad (0 < \theta < 1)$$

이 된다. 식 ①에서 $b = x$라 두면

$$\begin{aligned} f(x) = f(a) + \frac{f'(a)}{1!}(x-a) + \frac{f''(a)}{2!}(x-a)^2 + \cdots \\ + \frac{f^{(n-1)}(a)}{(n-1)!}(x-a)^{n-1} + \frac{f^{(n)}(a+\theta(x-a))}{n!}(x-a)^n, \quad (0 < \theta < 1) \end{aligned}$$

이며, $b = a+h$라 두면 Taylor 정리는

$$\begin{aligned} f(a+h) = f(a) + \frac{f'(a)}{1!}h + \frac{f''(a)}{2!}h^2 + \cdots + \frac{f^{(n-1)}(a)}{(n-1)!}h^{n-1} \\ + \frac{f^{(n)}(a+\theta h)}{n!}h^n, \quad (0 < \theta < 1) \end{aligned} \qquad \cdots\cdots ②$$

이다.

■ Maclaurin 급수

식 ②에서 $a = 0$, $h = x$이면

$$\begin{aligned} f(x) = f(0) + \frac{f'(0)}{1!}x + \frac{f''(0)}{2!}x^2 + \cdots + \frac{f^{(n-1)}(0)}{(n-1)!}x^{n-1} \\ + \frac{f^{(n)}(\theta x)}{n!}x^n, \quad (0 < \theta < 1) \end{aligned} \qquad \cdots\cdots ③$$

이 된다. 이것을 **Maclaurin 정리**라 한다.

만약 $f(x)$가 몇 번이라도 미분가능이고,

$$\lim_{n\to\infty} R_n = \lim_{n\to\infty} \frac{f^{(n)}(\theta x)}{n!}x^n = 0$$

이면 식 ③는 다음과 같이 쓴다.

$$f(x) = f(0) + \frac{f'(0)}{1!}x + \frac{f''(0)}{2!}x^2 + \cdots = \sum_{n=0}^{\infty} \frac{f^n(0)}{n!}x^n$$

이 급수를 $f(x)$의 Maclaurin **급수**라 한다.

예제 3.8 다음 함수를 Maclaurin 급수로 전개하여라.

(1) $f(x)=e^x \ (-\infty < x < \infty)$ (2) $f(x)=\sin x \ (-\infty < x < \infty)$

풀이 (1) $f(x)=e^x$ 에서 $f^{(n)}(x)=e^x$ 이므로 $f^{(n)}(0)=1 \ (n=0,1,2,3,\cdots)$ 이다. 그러므로 Maclaurin 정리에 의하여

$$e^x = f(0)+\frac{f'(0)}{1!}x+\frac{f''(0)}{2!}x^2+\cdots+\frac{f^{(n-1)}(0)}{(n-1)!}x^{n-1}+R_n$$
$$= 1+\frac{x}{1!}+\frac{x^2}{2!}+\cdots+\frac{x^{n-1}}{(n-1)!}+R_n$$

이다.

$$R_n=\frac{e^{\theta x}}{n!}x^n, \ (0<\theta<1) \text{ 이며 } \lim_{n\to\infty} R_n=0$$

이다. 그러므로

$$e^x = 1+\frac{x}{1!}+\frac{x^2}{2!}+\cdots+\frac{x^n}{n!}+\cdots$$

이다.

(2) $f(x)=\sin x$ 에서

$f(x)=\sin x$ $f(0)=0$

$f'(x)=\cos x$ $f'(0)=1$

$f''(x)=-\sin x$ $f''(0)=0$

$f'''(x)=-\cos x$ $f'''(0)=-1$

$f^{(4)}(x)=\sin x$ $f^{(4)}(0)=0$

이므로 Maclaurin 정리에 의하여

$$\sin x = f(0)+\frac{f'(0)}{1!}x+\frac{f''(0)}{2!}x^2+\cdots+\frac{f^{(n-1)}(0)}{(n-1)!}x^{n-1}+R_n$$
$$= \frac{x}{1!}-\frac{x^3}{3!}+\frac{x^5}{5!}+\cdots+(-1)^{n-1}\frac{x^{n-1}}{(n-1)!}+R_n$$

이다.

$$R_n = \frac{f^{(n+1)}(\theta x)}{(n+1)!}x^{n+1} = \frac{\sin\left(\theta x + \frac{(n+1)\pi}{2}\right)}{(n+1)!}x^{n+1} \qquad (0 < \theta < 1)$$

이며 $\lim_{n\to\infty} R_n = 0$ 이다. 그러므로

$$\sin x = \frac{x}{1!} - \frac{x^3}{3!} + \frac{x^5}{5!} - \cdots + (-1)^n \frac{x^{2n+1}}{(2n+1)!} + \cdots$$

이다.

문제 3.8 다음 함수를 Maclaurin 급수로 전개하여라.

(1) $f(x) = \cos x$

(2) $f(x) = \sin 2x$

(3) $f(x) = \ln(1+x)$

(4) $f(x) = e^{-x}$

연습문제

1. 다음 함수에서 평균값의 정리를 만족하는 c를 구하여라.

(1) $f(x) = x^2 - 7x + 12$; $[3,\ 4]$

(2) $f(x) = \sqrt{x+4}$; $[0,\ 5]$

(3) $f(x) = \cos 2x$; $[0, \pi]$

(4) $f(x) = e^{2x}$; $\left[0,\ \frac{1}{2}\right]$

2. 다음 함수의 극값, 변곡점을 구하고 그래프를 그려라.

(1) $f(x) = x^4 - 4x^3 + 3$

(2) $f(x) = \dfrac{2x}{x^2+1}$

(3) $f(x) = (1+\cos x)\sin x$, $\left[-\frac{\pi}{2},\ \frac{\pi}{2}\right]$

(4) $f(x) = \dfrac{1}{x}\ln x$

(5) $f(x) = x + 1 - \ln x \quad (0 < x \le e)$

(6) $f(x) = \ln(x^2+1)$

3. 다음 함수의 Macluarin 급수를 구하여라.

(1) $f(x) = x\cos x$

(2) $f(x) = x^2 \cos x$

(3) $f(x) = e^{3x}$

(4) $f(x) = x e^{-x}$

CHAPTER 4

부정적분

4.1 부정적분의 개념과 성질

■ 부정적분

함수

$$x^2-5,\quad x^2-1,\quad x^2,\quad x^2+2,\quad x^2+4$$

등을 미분하면 모두 $2x$ 이다.

일반적으로, 함수 $f(x)$ 에 대하여 $F'(x)=f(x)$ 인 함수 $F(x)$ 를 $f(x)$ 의 **부정적분** 또는 **원시함수**라 하고, 기호로

$$\int f(x)\,dx$$

와 같이 나타낸다. 이때, 함수 $f(x)$ 를 피적분함수라 하고, 함수 $f(x)$ 의 부정적분을 구하는 것을 $f(x)$ 를 적분한다고 한다.

보기 $f(x)=2x$ 의 부정적분 $F(x)$ 에는

$$F(x)=x^2-5,\ F(x)=x^2-1,\ F(x)=x^2,$$
$$F(x)=x^2+2,\ F(x)=x^2+4$$

등이 있다.

함수 $f(x)$ 의 부정적분의 하나를 $F(x)$ 라 하면, $f(x)$ 의 임의의 부정적분은 $F(x)+C$ 의 꼴로 나타낼 수 있다. 이것을 기호로

$$\int f(x)\,dx = F(x)+C \qquad \cdots\cdots ①$$

와 같이 나타내고, C를 **적분상수**라 한다. ①의 양변을 x 에 대하여 미분하면 다음과 같다.

$$\frac{d}{dx}\int f(x)\,dx = \frac{d}{dx}\{F(x)+C\} = F'(x) = f(x)$$

따라서 미분과 적분 사이에는 다음과 같은 관계가 있다.

정리 4.1

(1) $F'(x) = f(x)$ 일 때

$$\int f(x)\,dx = F(x)+C \qquad (C\text{는 적분상수})$$

(2) $\frac{d}{dx}\int f(x)\,dx = f(x)$

보기 (1) $(x)' = 1$ 이므로 $\int 1\,dx = x + C$

(2) $(x^3)' = 3x^2$ 이므로 $\int 3x^2\,dx = x^3 + C$

(3) $(x^5 - 3x)' = 5x^4 - 3$ 이므로 $\int (5x^4 - 3)\,dx = x^5 - 3x + C$

문제 4.1 다음 부정적분을 구하여라.

(1) $\int 5\,dx$ (2) $\int 7x^6\,dx$ (3) $\int 10x^9\,dx$

부정적분을 간편하게 구하는 방법을 알아보자. 실수 n에 대하여 x^n의 부정적분은 다음과 같다.

정리 4.2

(1) $n \neq -1$ 일 때, $\int x^n\,dx = \frac{1}{n+1}x^{n+1} + C$

(2) $n = -1$ 일 때, $\int \frac{1}{x}\,dx = \ln|x| + C$

증명 실수 n에 대하여 x^n의 부정적분은

(1) $n \neq -1$ 일 때, $\left(\frac{x^{n+1}}{n+1}\right)' = \frac{1}{n+1}(n+1)x^n = x^n$ 이므로

$$\int x^n\,dx = \frac{1}{n+1}x^{n+1} + C$$

(2) $n=-1$ 일 때, $(\ln|x|)' = \dfrac{1}{x}$ 이므로 $\displaystyle\int \frac{1}{x}\,dx = \ln|x| + C$ ◀

보기 (1) $\displaystyle\int x^5\,dx = \frac{1}{6}x^6 + C$

(2) $\displaystyle\int x^7\,dx = \frac{1}{8}x^8 + C$

(3) $\displaystyle\int \sqrt{x}\,dx = \int x^{\frac{1}{2}}dx = \frac{1}{\frac{1}{2}+1}x^{\frac{1}{2}+1} + C = \frac{2}{3}x^{\frac{3}{2}} + C = \frac{2}{3}x\sqrt{x} + C$

• 문제 4.2 다음 부정적분을 구하여라.

(1) $\displaystyle\int x\,dx$

(2) $\displaystyle\int x^2\,dx$

(3) $\displaystyle\int x^{10}\,dx$

(4) $\displaystyle\int \frac{1}{x^5}\,dx$

(5) $\displaystyle\int \frac{1}{\sqrt{x}}\,dx$

(6) $\displaystyle\int x^{-\frac{5}{2}}\,dx$

적분법은 미분법의 역연산이므로, 미분법의 역을 생각하면 부정적분의 성질을 얻을 수 있다.

정리 4.3

(1) $\displaystyle\int kf(x)\,dx = k\int f(x)dx$

(2) $\displaystyle\int \{f(x)+g(x)\}\,dx = \int f(x)dx + \int g(x)\,dx$

(3) $\displaystyle\int \{f(x)-g(x)\}\,dx = \int f(x)dx - \int g(x)\,dx$

증명 함수 $f(x)$, $g(x)$ 에서 상수 k 에 대하여

$$\frac{d}{dx}\left(k\int f(x)\,dx\right) = k\frac{d}{dx}\left(\int f(x)dx\right) = kf(x)$$

이므로

$$\int kf(x)\,dx = k\int f(x)dx$$

또,

$$\frac{d}{dx}\left(\int f(x)\,dx + \int g(x)\,dx\right)$$
$$= \frac{d}{dx}\left(\int f(x)dx\right) + \frac{d}{dx}\left(\int g(x)\,dx\right) = f(x) + g(x)$$

이므로

$$\int \{f(x)+g(x)\}\,dx = \int f(x)dx + \int g(x)\,dx$$

같은 방법으로

$$\int \{f(x)-g(x)\}\,dx = \int f(x)dx - \int g(x)\,dx$$

임을 알 수 있다. ◀

예제 4.1 다음 부정적분을 구하여라.

(1) $\int (-3x^2+4x+7)\,dx$ (2) $\int \frac{x^3+3x-1}{x^2}\,dx$

풀이 (1)
$$\int (-3x^2+4x+7)\,dx = \int (-3)x^2\,dx + \int 4x\,dx + \int 7\,dx$$
$$= (-3)\int x^2\,dx + 4\int x\,dx + 7\int 1\,dx$$
$$= -x^3 + 2x^2 + 7x + C$$

(2)
$$\int \frac{x^3+3x-1}{x^2}\,dx = \int\left(x + \frac{3}{x} - \frac{1}{x^2}\right)dx$$
$$= \int x\,dx + 3\int \frac{1}{x}\,dx - \int \frac{1}{x^2}\,dx$$
$$= \frac{1}{2}x^2 + 3\ln|x| + \frac{1}{x} + C$$

문제 4.3 다음 부정적분을 구하여라.

(1) $\int (x^2-3x+1)\,dx$ (2) $\int (x+2)(x-2)\,dx$

(3) $\int \frac{2x+3}{x^2}dx$

(4) $\int \frac{3x+1}{x^3}dx$

(5) $\int \frac{x-1}{x^2}dx$

(6) $\int \frac{x+1}{\sqrt{x}}dx$

미분법의 공식에서 다음 적분공식을 간단히 얻을 수 있다.

정리 4.4

(1) $\int \sin x\, dx = -\cos x + C$

(2) $\int \cos x\, dx = \sin x + C$

(3) $\int \sec^2 x\, dx = \tan x + C$

(4) $\int \csc^2 x\, dx = -\cot x + C$

(5) $\int \sec x \tan x\, dx = \sec x + C$

(6) $\int \csc x \cot x\, dx = -\csc x + C$

(7) $\int \frac{1}{\sqrt{a^2-x^2}}dx = \sin^{-1}\frac{x}{a} + C$

(8) $\int \frac{1}{a^2+x^2}dx = \frac{1}{a}\tan^{-1}\frac{x}{a} + C$

(9) $\int e^x\, dx = e^x + C$

(10) $\int a^x\, dx = \frac{a^x}{\ln a} + C$ (단, $a > 0$, $a \neq 1$)

보기 $\int (2\sin x + 3\cos x)dx = 2\int \sin x\, dx + 3\int \cos x\, dx$

$$= -2\cos x + 3\sin x + C$$

문제 4.4 다음 부정적분을 구하여라.

(1) $\int (x - 3\sin x)dx$

(2) $\int (4\sin x - 3\cos x)dx$

(3) $\int (\tan x + \cos x)\sec x\, dx$

(4) $\int (10x^4 - 2\sec^2 x)dx$

예제 4.2 부정적분 $\int \tan^2 x\, dx$ 를 구하여라.

풀이 $1 + \tan^2 x = \sec^2 x$ 이므로

$$\int \tan^2 x\, dx = \int (\sec^2 x - 1)dx$$
$$= \tan x - x + C$$

문제 4.5 다음 부정적분을 구하여라.

(1) $\int (\tan x+\cot x)^2\,dx$　　(2) $\int \frac{\cos^2 x}{1+\sin x}\,dx$

(3) $\int (\cos^2 x+1)\sec^2 x\,dx$　　(4) $\int (1+\tan x)(1-\tan x)\,dx$

(5) $\int \sin^2\frac{x}{2}\,dx$　　(6) $\int \frac{x^2}{x^2+1}\,dx$

예제 4.3 다음 부정적분을 구하여라.

(1) $\int e^{x-1}\,dx$　　(2) $\int (2^x-3^x)\,dx$

풀이 (1) $\int e^{x-1}\,dx=\int e^x e^{-1}\,dx=e^{-1}\int e^x\,dx=e^{-1}e^x+C=e^{x-1}+C$

(2) $\int (2^x-3^x)\,dx=\int 2^x\,dx-\int 3^x\,dx=\frac{2^x}{\ln 2}-\frac{3^x}{\ln 3}+C$

문제 4.6 다음 부정적분을 구하여라.

(1) $\int (e^x-3^x)\,dx$　　(2) $\int 2e^{x-3}\,dx$

(3) $\int (2^x+1)^2\,dx$　　(4) $\int (x^2-2^x)\,dx$

(5) $\int \frac{e^{2x}-9}{e^x-3}\,dx$　　(6) $\int \frac{x^2\cdot 3^x-1}{x^2}\,dx$

4.2 적분법(1)

■ 치환적분법

피적분함수의 적분변수를 다른 변수로 바꾸어 적분하는 방법에 대하여 알아보자. 한 변수를 다른 변수로 치환하여 적분하는 것을 **치환적분법**이라고 한다. 치환적분법은 다음과 같다.

정리 4.5

$t = g(x)$라 할 때 $dt = g'(x)\,dx$이므로

$$\int f(g(x))g'(x)\,dx = \int f(t)\,dt$$

증명 부정적분

$$\int f(t)\,dt$$

에서 $t = g(x)$라 두면 $\dfrac{dt}{dx} = g'(x)$이다. 합성함수 미분법에 의하여

$$\frac{d}{dx}\left(\int f(t)\,dt\right) = \frac{d}{dt}\left(\int f(t)\,dt\right) \cdot \frac{dt}{dx} = f(t) \cdot \frac{dt}{dx} = f(g(x))\,g'(x)$$

이므로

$$\int f(g(x))g'(x)\,dx = \int f(t)\,dt$$ ◀

예제 4.4 다음 부정적분을 구하여라.

(1) $\displaystyle\int (3x-2)^5\,dx$　　　(2) $\displaystyle\int x(x^2-1)^3\,dx$

풀이 (1) $t = 3x-2$로 놓으면 $dt = 3\,dx$ 이므로

$$\begin{aligned}\int (3x-2)^5\,dx &= \int t^5 \cdot \frac{1}{3}dt \\ &= \frac{1}{3}\int t^5\,dt = \frac{1}{3}\cdot\frac{1}{6}t^6 + C \\ &= \frac{1}{18}(3x-2)^6 + C\end{aligned}$$

(2) $t = x^2 - 1$ 로 놓으면 $dt = 2x\,dx$ 이므로

$$\int x(x^2-1)^3\,dx = \int t^3 \cdot \frac{1}{2}dt$$
$$= \frac{1}{2}\int t^3\,dt = \frac{1}{2}\cdot\frac{1}{4}t^4 + C$$
$$= \frac{1}{8}(x^2-1)^4 + C$$

문제 4.7 다음 부정적분을 구하여라.

(1) $\int (2x+5)^3\,dx$ (2) $\int \frac{1}{5x-1}\,dx$

(3) $\int x(3x^2-1)^5\,dx$ (4) $\int \sqrt{2x-1}\,dx$

예제 4.5 다음 부정적분을 구하여라.

(1) $\int \sin(2x+1)\,dx$ (2) $\int \sin^3 x\cos x\,dx$

풀이 (1) $t = 2x+1$로 놓으면 $dt = 2\,dx$이므로

$$\int \sin(2x+1)\,dx = \int \sin t \cdot \frac{1}{2}dt$$
$$= \frac{1}{2}\int \sin t\;dt = -\frac{1}{2}\cos t + C$$
$$= -\frac{1}{2}\cos(2x+1) + C$$

(2) $t = \sin x$ 로 놓으면 $dt = \cos x\,dx$ 이므로

$$\int \sin^3 x\cos x\,dx = \int t^3\,dt$$
$$= \frac{1}{4}t^4 + C = \frac{1}{4}\sin^4 x + C$$

문제 4.8 다음 부정적분을 구하여라.

(1) $\int \sin\left(\frac{\pi}{2} - 3x\right)dx$ (2) $\int \cos^3 2x\sin 2x\,dx$

(3) $\int \cos(2x-1)\,dx$ (4) $\int \sin 2x\cos x\,dx$

정리 4.6

$$\int \frac{f'(x)}{f(x)}dx = \ln|f(x)| + C$$

증명 부정적분 $\int \frac{f'(x)}{f(x)}dx$를 구할 때, $t = f(x)$라 놓으면 $dt = f'(x)dx$이므로

$$\int \frac{f'(x)}{f(x)}dx = \int \frac{1}{t}dt = \ln|t| + C = \ln|f(x)| + C$$

◀

예제 4.6 다음 부정적분을 구하여라.

(1) $\int \frac{x^2+1}{x^3+3x+2}dx$ (2) $\int \tan x \, dx$

풀이 (1) $(x^3+3x+2)' = 3x^2+3 = 3(x^2+1)$이므로

$$\begin{aligned}\int \frac{x^2+1}{x^3+3x+2}dx &= \frac{1}{3}\int \frac{3(x^2+1)}{x^3+3x+2}dx \\ &= \frac{1}{3}\int \frac{(x^3+3x+2)'}{x^3+3x+2}dx \\ &= \frac{1}{3}\ln|x^3+3x+2| + C\end{aligned}$$

(2)
$$\begin{aligned}\int \tan x \, dx &= \int \frac{\sin x}{\cos x}dx \\ &= -\int \left(-\frac{\sin x}{\cos x}\right)dx \\ &= -\int \frac{(\cos x)'}{\cos x}dx = -\ln|\cos x| + C\end{aligned}$$

문제 4.9 다음 부정적분을 구하여라.

(1) $\int \frac{6x}{3x^2+2}dx$ (2) $\int \frac{x^2}{x^3+1}dx$

(3) $\int \cot x \, dx$ (4) $\int \frac{e^x}{e^x+1}dx$

■ 부분적분법

두 함수의 곱의 미분법을 이용하여, 두 함수의 곱의 적분법을 알아보자. 아래와 같은 적분법을 **부분적분법**이라 한다.

정리 4.7

$$\int f(x)g'(x)\,dx = f(x)g(x) - \int f'(x)g(x)\,dx$$

증명 두 함수 $f(x)$와 $g(x)$의 곱을 미분하면

$$\{f(x)g(x)\}' = f'(x)g(x) + f(x)g'(x)$$

이므로 양변을 적분하면

$$f(x)g(x) = \int f'(x)g(x)\,dx + \int f(x)g'(x)\,dx$$

따라서 $\int f(x)g'(x)\,dx = f(x)g(x) - \int f'(x)g(x)\,dx$ ◀

예제 4.10 다음 부정적분을 구하여라.

(1) $\int xe^x\,dx$ (2) $\int \ln x\,dx$

풀이 (1) $f(x) = x$, $g'(x) = e^x$라 하면 $f'(x) = 1$, $g(x) = e^x$이므로 부분적분법에 의하여

$$\int xe^x dx = xe^x - \int e^x\,dx = xe^x - e^x + C$$

(2) $f(x) = \ln x$, $g'(x) = 1$이라 하면 $f'(x) = \frac{1}{x}$, $g(x) = x$이므로 부분적분법에 의하여

$$\begin{aligned}\int \ln x\,dx &= x\ln x - \int \frac{1}{x}\cdot x\,dx \\ &= x\ln x - \int 1\,dx = x\ln x - x + C\end{aligned}$$

문제 4.10 다음 부정적분을 구하여라.

(1) $\int xe^{-x}\,dx$　　　(2) $\int (x+1)e^{x}\,dx$

(3) $\int x\sin x\,dx$　　　(4) $\int x\cos 2x\,dx$

(5) $\int \ln(x+1)\,dx$　　　(6) $\int x\ln x\,dx$

예제 4.11 다음 부정적분을 구하여라.

(1) $\int x^2\sin x\,dx$　　　(2) $\int e^{x}\sin x\,dx$

풀이 (1) $f(x)=x^2$, $g'(x)=\sin x$라 하면 $f'(x)=2x$, $g(x)=-\cos x$ 이므로 부분적분법에 의하여

$$\int x^2\sin x dx = x^2(-\cos x) - \int 2x(-\cos x)dx$$
$$= -x^2\cos x + 2\int x\cos x\,dx$$

여기서 $\int x\cos x\,dx$ 에 부분적분법을 다시 적용하면

$$\int x\cos x\,dx = x\sin x - \int \sin x\,dx$$
$$= x\sin x + \cos x + C_1$$

따라서 $\int x^2\sin x dx = -x^2\cos x + 2(x\sin x + \cos x + C_1)$

$$= (2-x^2)\cos x + 2x\sin x + 2C_1$$

여기서 $2C_1 = C$ 로 놓을 수 있으므로

$$\int x^2\sin x dx = (2-x^2)\cos x + 2x\sin x + C$$

(2) $f(x)=e^{x}$, $g'(x)=\sin x$라 하면 $f'(x)=e^{x}$, $g(x)=-\cos x$ 이므로 부분적분법에 의하여

$$\int e^{x}\sin x dx = -e^{x}\cos x + \int e^{x}\cos x\,dx$$

여기서 $\int e^{x}\cos x\,dx$ 에 부분적분법을 다시 적용하면

$$\int e^x \cos x\,dx = e^x \sin x - \int e^x \sin x\,dx$$

따라서 $\int e^x \sin x dx = -e^x \cos x + e^x \sin x - \int e^x \sin x\,dx$

그러므로 $2\int e^x \sin x\,dx = e^x(\sin x - \cos x)$

$$\therefore \int e^x \sin x\,dx = \frac{1}{2}e^x(\sin x - \cos x) + C$$

문제 4.11 다음 부정적분을 구하여라.

(1) $\int x^2 e^x\,dx$

(2) $\int (\ln x)^2\,dx$

(3) $\int e^x \cos x\,dx$

(4) $\int e^x \sin 3x\,dx$

■ 점화식

부분적분법을 이용하여 다음 점화식들을 얻을 수 있다.

정리 4.8

n은 1보다 큰 양의 정수일 때

(1) $\int \sin^n x\,dx = -\frac{1}{n}\sin^{n-1}x\cos x + \frac{n-1}{n}\int \sin^{n-2}x\,dx$

(2) $\int \cos^n x\,dx = \frac{1}{n}\cos^{n-1}x\sin x + \frac{n-1}{n}\int \cos^{n-2}x\,dx$

(3) $\int \tan^n x\,dx = \frac{1}{n-1}\tan^{n-1}x - \int \tan^{n-2}x\,dx$

(4) $\int \sec^n x\,dx = \frac{1}{n-1}\sec^{n-2}x\tan x + \frac{n-2}{n-1}\int \sec^{n-2}x\,dx$

(5) $\int x^n e^x\,dx = x^n e^x - n\int x^{n-1}e^x\,dx$

(6) $\int (\ln x)^n\,dx = x(\ln x)^n - n\int (\ln x)^{n-1}\,dx$

예제 4.12 부분적분법을 이용하여 다음 점화식을 증명하여라.

$$\int \sin^n x\, dx = -\frac{1}{n}\cos x \sin^{n-1} x + \frac{n-1}{n}\int \sin^{n-2} x\, dx$$

풀이 $f(x) = \sin^{n-1} x$, $g'(x) = \sin x$ 라 하면

$$f'(x) = (n-1)\sin^{n-2} x \cos x, \quad g(x) = -\cos x$$

이므로 부분적분법에 의하여

$$\int \sin^n x\, dx = -\cos x \sin^{n-1} x + (n-1)\int \sin^{n-2} x \cos^2 x\, dx$$

가 된다. $\cos^2 x = 1 - \sin^2 x$ 이기 때문에

$$\int \sin^n x\, dx = -\cos x \sin^{n-1} x + (n-1)\int \sin^{n-2} x\, dx - (n-1)\int \sin^n x\, dx$$

이다. 따라서

$$n\int \sin^n x\, dx = -\cos x \sin^{n-1} x + (n-1)\int \sin^{n-2} x\, dx$$

즉 $\displaystyle\int \sin^n x\, dx = -\frac{1}{n}\cos x \sin^{n-1} x + \frac{n-1}{n}\int \sin^{n-2} x\, dx$

문제 4.12 (1) 부분적분법을 이용하여 다음을 증명하여라.

$$\int \cos^n x\, dx = \frac{1}{n}\cos^{n-1} x \sin x + \frac{n-1}{n}\int \cos^{n-2} x\, dx$$

(2) 위 (1)을 이용하여 $\int \cos^2 x\, dx$ 를 구하여라.

(3) 위 (1)과 (2)를 이용하여 $\int \cos^4 x\, dx$ 를 구하여라.

4.3 적분법(2)

■ 삼각치환 적분법

일반적으로 무리함수의 적분은 매우 어렵다. 다음은 삼각함수로 치환하여 적분할 수 있는 간단한 경우를 살펴보자.

피적분함수가 $\sqrt{a^2-x^2}$, $\sqrt{x^2-a^2}$, $\sqrt{x^2+a^2}$ $(a>0)$ 등을 포함할 때는 삼각함수를 이용하여 변수를 변환할 수 있다. 이와 같은 방법을 **삼각치환법**이라 하고 다음과 같이 변환한다.

(1) $\sqrt{a^2-x^2}$ 을 갖는 식은 $x=a\sin\theta\ \left(-\dfrac{\pi}{2}\le\theta\le\dfrac{\pi}{2}\right)$

(2) $\sqrt{x^2+a^2}$ 을 갖는 식은 $x=a\tan\theta\ \left(-\dfrac{\pi}{2}<\theta<\dfrac{\pi}{2}\right)$

(3) $\sqrt{x^2-a^2}$ 을 갖는 식은 $x=a\sec\theta\ \left(0\le\theta<\dfrac{\pi}{2}\ \text{또는}\ \pi\le\theta<\dfrac{3\pi}{2}\right)$

로 치환하면 각각 다음과 같이 변환된다.

(1) $\sqrt{a^2-x^2}=a\cos\theta,\ dx=a\cos\theta\, d\theta$

(2) $\sqrt{x^2+a^2}=a\sec\theta,\ dx=a\sec^2\theta\, d\theta$

(3) $\sqrt{x^2-a^2}=a\tan\theta,\ dx=a\sec\theta\tan\theta\, d\theta$

예제 4.13 $\displaystyle\int\frac{1}{\sqrt{4-x^2}}dx$ 을 구하여라.

풀이 $x=2\sin\theta\ \left(-\dfrac{\pi}{2}\le\theta\le\dfrac{\pi}{2}\right)$로 치환하면 $dx=2\cos\theta\, d\theta$ 이고

$$\sqrt{4-x^2}=\sqrt{4-4\sin^2\theta}=2|\cos\theta|=2\cos\theta$$

이다. 따라서

$$\int\frac{dx}{\sqrt{4-x^2}}=\int\frac{2\cos\theta}{2\cos\theta}d\theta=\int 1d\theta=\theta+C$$

여기서 $\theta=\sin^{-1}\dfrac{x}{2}$

이므로 $\displaystyle\int\frac{dx}{\sqrt{4-x^2}}=\sin^{-1}\frac{x}{2}+C$

예제 4.14 $\displaystyle\int \frac{1}{x^2\sqrt{x^2+4}}\,dx$ 을 구하여라.

풀이 $x = 2\tan\theta\left(-\frac{\pi}{2} < \theta < \frac{\pi}{2}\right)$로 치환하면 $dx = 3\sec^2\theta\, d\theta$ 이고

$$\sqrt{x^2+4} = \sqrt{4(\tan^2\theta+1)} = 2|\sec\theta| = 2\sec\theta$$

이므로

$$\begin{aligned}\int \frac{dx}{x^2\sqrt{x^2+4}} &= \int \frac{2\sec^2\theta}{4\tan^2\theta \cdot 2\sec\theta}d\theta \\ &= \frac{1}{4}\int \frac{\sec\theta}{\tan^2\theta}\,d\theta \\ &= \frac{1}{4}\int \frac{1}{\cos\theta}\cdot\frac{\cos^2\theta}{\sin^2\theta}\,dx \\ &= \int \frac{\cos\theta}{\sin^2\theta}\,d\theta\end{aligned}$$

그리고 $t = \sin\theta$ 로 치환하면

$$\begin{aligned}\int \frac{dx}{x^2\sqrt{x^2+4}} &= \frac{1}{4}\int \frac{\cos\theta}{\sin^2\theta}\,d\theta = \frac{1}{4}\int \frac{1}{t^2}\,dt \\ &= \frac{1}{4}\left(-\frac{1}{t}\right) + C = -\frac{1}{4\sin\theta} + C\end{aligned}$$

다시 x 로 변환하기 위하여 그림을 이용하면

$$\sin\theta = \frac{x}{\sqrt{x^2+4}}$$

이므로

$$\int \frac{1}{x^2\sqrt{x^2+4}}\,dx = -\frac{\sqrt{x^2+4}}{4x} + C$$

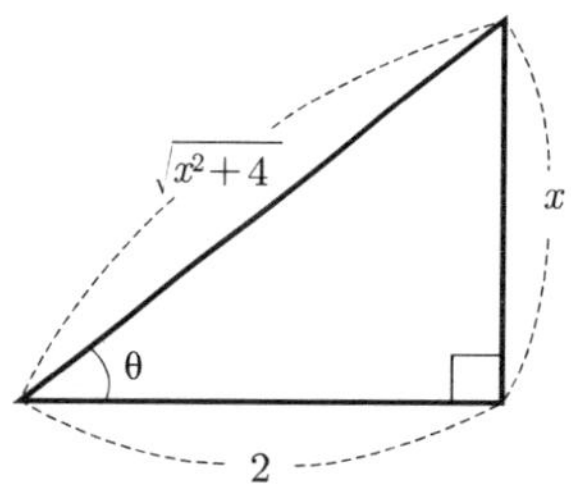

그림 4.1

예제 4.15 $\displaystyle\int \frac{\sqrt{x^2-9}}{x}\,dx$를 구하여라.

풀이 $x = 3\sec\theta\left(0 \le \theta < \frac{\pi}{2} \text{ 또는 } \pi \le \theta < \frac{3\pi}{2}\right)$로 치환하면 $dx = 3\sec\theta\tan\theta\, d\theta$

이고

$$\sqrt{x^2-9} = \sqrt{9(\sec^2\theta - 1)} = 3|\tan\theta| = 3\tan\theta$$

이므로

$$\begin{aligned}\int \frac{\sqrt{x^2-9}}{x}dx &= \int \frac{3\tan\theta}{3\sec\theta}(3\sec\theta\tan\theta)d\theta \\ &= 3\int \tan^2\theta d\theta = 3\int(\sec^2\theta - 1)d\theta \\ &= 3\tan\theta - 3\theta + C\end{aligned}$$

다시 x로 변환하기 위하여 그림을 이용하면

$$\tan\theta = \frac{\sqrt{x^2-9}}{3},\quad \theta = \sec^{-1}\frac{x}{3}$$

이므로

$$\int \frac{\sqrt{x^2-9}}{x}dx = \sqrt{x^2-9} - 3\sec^{-1}\frac{x}{3} + C$$

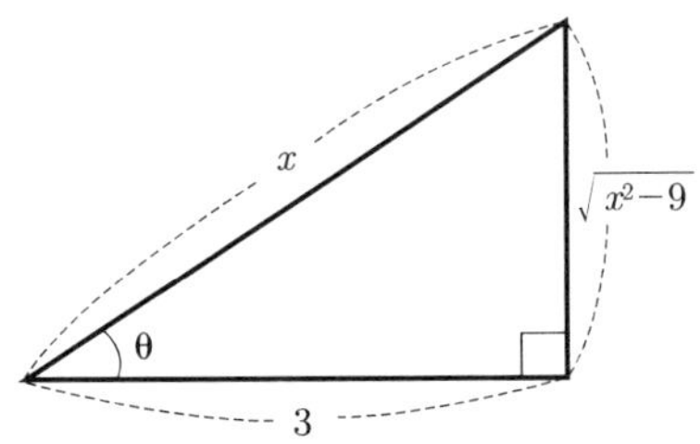

그림 4.2

•문제 4.13 다음 부정적분을 삼각치환법에 의하여 구하여라.

(1) $\int \sqrt{1-x^2}\,dx$　　(2) $\int \frac{x}{\sqrt{x^2-16}}dx$

(3) $\int \frac{\sqrt{9-x^2}}{x^2}dx$　　(4) $\int \frac{x}{\sqrt{x^2+4}}dx$

■ 유리함수 적분법

유리함수를 적분할 때, 분수식의 분모가 인수분해되는 경우에는 적분할 함수를 간단한 분수식의 합의 꼴로 나타내어 적분할 수 있다. 간단한 분수들의 합으로 나타내는 부분분수의 분해 방법은 다음과 같다.

P, Q가 다항식인 유리함수

$$f(x) = \frac{P(x)}{Q(x)}$$

에 대하여

Case 1 : ($P(x)$의 차수) > ($Q(x)$의 차수)이면

$$f(x) = \frac{P(x)}{Q(x)} = S(x) + \frac{R(x)}{Q(x)}$$

(단, ($R(x)$의 차수)< ($Q(x)$의 차수))
형태로 변형하여 적분한다.

Case 2 : 분모 $Q(x)$는 서로 다른 일차인수의 곱, 즉

$$Q(x) = (a_1x + b_1)(a_2x + b_2)\cdots(a_nx + b_n)$$

이면

$$\frac{P(x)}{Q(x)} = \frac{A_1}{a_1x + b_1} + \frac{A_2}{a_2x + b_2} + \cdots + \frac{A_n}{a_nx + b_n}$$

형태로 변형하여 적분한다.

Case 3 : 분모 $Q(x)$가 반복되는 일차인수들의 곱, 즉

$$Q(x) = (a_1x + b_1)^k$$

이면

$$\frac{P(x)}{Q(x)} = \frac{A_1}{a_1x + b_1} + \frac{A_2}{(a_1x + b_1)^2} + \cdots + \frac{A_k}{(a_1x + b_1)^k}$$

형태로 변형하여 적분한다.

Case 4 : 분모 $Q(x)$가 반복되지 않는 이차인수를 포함하면, 즉

$$Q(x) = (a_1x + b_1)(a_2x^2 + b_2x + c)$$

이면

$$\frac{P(x)}{Q(x)} = \frac{A}{a_1x + b_1} + \frac{Bx + C}{a_2x^2 + b_2x + c}$$

형태로 변형하여 적분한다.

Case 5 : 분모 $Q(x)$가 반복되는 이차인수를 포함하면 즉

$$Q(x) = (a_2x^2 + b_2x + c)^k$$

이면

$$\frac{P(x)}{Q(x)} = \frac{A_1x + B_1}{a_2x^2 + b_2x + c} + \frac{A_2x + B_2}{(a_2x^2 + b_2x + c)^2} + \cdots + \frac{A_kx + B_k}{(a_2x^2 + b_2x + c)^k}$$

형태로 변형하여 적분한다.

예제 4.16 다음 부정적분을 구하여라.

(1) $\displaystyle\int \frac{x^3 + x}{x - 1}\, dx$ (2) $\displaystyle\int \frac{1}{x^2 - 1}\, dx$

풀이 (1) 분자의 차수가 분모의 차수보다 크므로 나눗셈을 한다. 따라서

$$\begin{aligned}\int \frac{x^3 + x}{x - 1}\, dx &= \int \left(x^2 + x + 2 + \frac{2}{x - 1}\right) dx \\ &= \frac{1}{3}x^2 + \frac{1}{2}x^2 + 2x + 2\ln|x - 1| + C\end{aligned}$$

(2) $\displaystyle\frac{1}{x^2 - 1} = \frac{1}{(x + 1)(x - 1)} = \frac{A}{x + 1} + \frac{B}{x - 1}$ 로 놓으면

$$\frac{1}{x^2 - 1} = \frac{A(x - 1) + B(x + 1)}{(x + 1)(x - 1)}$$

위 식에서 $A + B = 0,\ -A + B = 1$ 이므로

$$A = -\frac{1}{2},\quad B = \frac{1}{2}$$

$$\therefore\ \frac{1}{x^2 - 1} = -\frac{1}{2} \cdot \frac{1}{x + 1} + \frac{1}{2} \cdot \frac{1}{x - 1}$$

따라서

$$\begin{aligned}\int \frac{1}{x^2 - 1}\, dx &= \int \left(-\frac{1}{2} \cdot \frac{1}{x + 1} + \frac{1}{2} \cdot \frac{1}{x - 1}\right) dx \\ &= -\frac{1}{2}\ln|x + 1| + \frac{1}{2}\ln|x - 1| + C \\ &= \frac{1}{2}\ln\left|\frac{x - 1}{x + 1}\right| + C\end{aligned}$$

예제 4.17 다음 부정적분을 구하여라.

(1) $\displaystyle\int \frac{x+1}{x^3-2x^2+x}\,dx$ (2) $\displaystyle\int \frac{2x^2-x+4}{x^3+4x}\,dx$

풀이 (1) $\dfrac{x+1}{x^3-2x^2+x}=\dfrac{x+1}{x(x-1)^2}=\dfrac{A}{x}+\dfrac{B}{x-1}+\dfrac{C}{(x-1)^2}$ 로 놓으면

$$\frac{x+1}{x^3-2x^2+x}=\frac{A(x-1)^2+Bx(x-1)+Cx}{x(x-1)^2}$$

위 식에서 $A+B=0,\ -2A-B+C=1,\ A=1$이므로

$$A=1,\ B=-1,\ C=2$$

$$\therefore\ \frac{x+1}{x^3-2x^2+x}=\frac{1}{x}-\frac{1}{x-1}+\frac{2}{(x-1)^2}$$

따라서 $\displaystyle\int \frac{x+1}{x^3-2x^2+x}\,dx=\int\left(\frac{1}{x}-\frac{1}{x-1}+\frac{2}{(x-1)^2}\right)dx$

$$=\ln|x|-\ln|x-1|-\frac{2}{x-1}+C$$

(2) $\dfrac{2x^2-x+4}{x^3+4x}=\dfrac{2x^2-x+4}{x(x^2+4)}=\dfrac{A}{x}+\dfrac{Bx+C}{x^2+4}$ 로 놓으면

$$\frac{2x^2-x+4}{x^3+4x}=\frac{A(x^2+4)+(Bx+C)x}{x(x^2+4)}$$

위 식에서 $A+B=2,\ C=-1,\ 4A=4$ 이므로

$$A=1,\ B=1,\ C=-1$$

$$\therefore\ \frac{2x^2-x+4}{x^3+4x}=\frac{1}{x}+\frac{x-1}{x^2+4}$$

따라서 $\displaystyle\int \frac{2x^2-x+4}{x^3+4x}\,dx=\int\left(\frac{1}{x}+\frac{x-1}{x^2+4}\right)dx$

$$=\int\frac{1}{x}\,dx+\int\frac{x}{x^2+4}\,dx-\int\frac{1}{x^2+4}\,dx$$

$$=\ln|x|+\frac{1}{2}\ln(x^2+4)-\frac{1}{2}\tan^{-1}\left(\frac{x}{2}\right)+C$$

문제 4.14 다음 부정적분을 구하여라.

(1) $\displaystyle\int \frac{x^2}{x+1}\,dx$　　(2) $\displaystyle\int \frac{x+9}{x^2-2x-3}\,dx$

(3) $\displaystyle\int \frac{2x+3}{(x+1)^2}\,dx$　　(4) $\displaystyle\int \frac{1}{x^4-x^2}\,dx$

■ 무리함수 적분법

적절한 치환에 의하여 함수들을 유리함수로 변형하여 적분한다. 특히, $\sqrt[n]{g(x)}$ 꼴을 가지면 $t=\sqrt[n]{g(x)}$ (또는 $u=g(x)$)로 치환하는 것이 효과적이다.

예제 4.18 다음 부정적분을 구하여라.

(1) $\displaystyle\int \frac{\sqrt{x+4}}{x}\,dx$　　(2) $\displaystyle\int \frac{1}{\sqrt{x}-\sqrt[3]{x}}\,dx$

풀이 (1) $t=\sqrt{x+4}$ 라고 하자. $t^2=x+4$ 이고 $x=t^2-4$, $dx=2t\,dt$ 이다. 그러므로

$$\begin{aligned}\int \frac{\sqrt{x+4}}{x}\,dx &= \int \frac{t}{t^2-4}\,2t\,dt\\ &= 2\int \frac{t^2}{t^2-4}\,dt\\ &= 2\int\left(1+\frac{4}{t^2-4}\right)dt\\ &= 2\int 1\,dt + 8\int\frac{1}{t^2-4}\,dt\\ &= 2t + 8\int\frac{1}{(t+2)(t-2)}\,dt\\ &= 2t + 2\ln\left|\frac{t-2}{t+2}\right| + C\\ &= 2\sqrt{x+4} + 2\ln\left|\frac{\sqrt{x+4}-2}{\sqrt{x+4}+2}\right| + C\end{aligned}$$

(2) $t=\sqrt[6]{x}$ (6은 2와 3의 최소공배수)로 치환하면 모든 근호를 제거할 수 있다. $t=\sqrt[6]{x}$ 라고 하면 $x=t^6$, $dx=6t^5\,dt$ 이고, $\sqrt{x}=t^3$, $\sqrt[3]{x}=t^2$ 이다. 즉

$$\int \frac{1}{\sqrt{x}-\sqrt[3]{x}}\,dx = \int \frac{6t^5}{t^3-t^2}\,dt$$

$$
\begin{aligned}
&= 6\int \frac{t^3}{t-1}\,dt \\
&= 6\int \left(t^2 + t + 1 + \frac{1}{t-1}\right) dt \\
&= 6\left(\frac{t^3}{3} + \frac{t^2}{2} + t + \ln|t-1|\right) + C \\
&= 2\sqrt{x} + 3\sqrt[3]{x} + 6\sqrt[6]{x} + 6\ln|\sqrt[6]{x} - 1| + C
\end{aligned}
$$

문제 4.15 다음 부정적분을 구하여라.

(1) $\displaystyle\int \frac{1}{1+\sqrt[3]{x}}\,dx$ (2) $\displaystyle\int \frac{1}{x\sqrt{x+1}}\,dx$

(3) $\displaystyle\int \frac{\sqrt{1-x}}{x}\,dx$ (4) $\displaystyle\int \frac{\sqrt{x-1}}{x+1}\,dx$

연습문제

1. 다음 부정적분을 구하여라.

(1) $\int (3x-1)(2x+1)\,dx$

(2) $\int \{(x+1)^3-(x-1)^3\}\,dx$

(3) $\int \frac{x^3-8}{x-2}\,dx$

(4) $\int \frac{x-1}{\sqrt{x}}\,dx$

(5) $\int \left(x-\frac{1}{x}\right)^3 dx$

(6) $\int \cot^2 x\,dx$

(7) $\int \cos^2\frac{x}{2}\,dx$

(8) $\int \frac{e^{2x}-4^x}{e^x+2^x}\,dx$

2. 다음 부정적분을 구하여라.

(1) $\int \frac{1}{2x+1}\,dx$

(2) $\int \sqrt[3]{2x+1}\,dx$

(3) $\int \tan^2(2x+1)\,dx$

(4) $\int 10^{3x+2}\,dx$

(5) $\int \sin^2 x\,dx$

(6) $\int (\cos x+1)^3 \sin x\,dx$

(7) $\int x e^{-x^2}\,dx$

(8) $\int \sec x\,dx$

3. 다음 부정적분을 구하여라.

(1) $\int x^2 \ln x \, dx$

(2) $\int x^2 e^{-x} \, dx$

(3) $\int \tan^{-1} x \, dx$

(4) $\int x (\ln x)^2 \, dx$

(5) $\int e^x \sin^2 x \, dx$

(6) $\int e^x \cos^2 x \, dx$

4. 부분적분법을 이용하여 다음을 증명하여라.

(1) $\int \tan^n x \, dx = \frac{1}{n-1} \tan^{n-1} x - \int \tan^{n-2} x \, dx$

(2) $\int \sec^n x \, dx = \frac{1}{n-1} \sec^{n-2} x \tan x + \frac{n-2}{n-1} \int \sec^{n-2} x \, dx$

5. 다음 부정적분을 구하여라.

(1) $\int \frac{1}{x^2 \sqrt{1-x^2}} \, dx$

(2) $\int \frac{x}{\sqrt{4-x^2}} \, dx$

(3) $\int x \sqrt{4-x^2} \, dx$

(4) $\int \frac{x^3}{\sqrt{x^2+4}} \, dx$

6. 다음 부정적분을 구하여라.

(1) $\int \frac{x+3}{x^2-6x+5}\,dx$

(2) $\int \frac{1}{x^2(1+x^2)}\,dx$

(3) $\int \frac{2x^3+1}{x^2+3x+2}\,dx$

7. 다음 부정적분을 구하여라.

(1) $\int \sqrt{\frac{1-x}{x}}\,dx$

(2) $\int \frac{1}{x-\sqrt[3]{x}}\,dx$

(3) $\int \frac{\sqrt[3]{x}+1}{\sqrt[3]{x}-1}\,dx$

(4) $\int \frac{\sqrt{x}}{\sqrt{x}+1}\,dx$

CHAPTER 5

정적분과 활용

5.1 정적분의 개념과 성질

■ 구분구적법

다각형의 넓이는 삼각형 또는 사각형으로 분할하여 그 분할된 넓이의 합으로 구할 수 있다. 그러나 직선과 곡선, 곡선과 곡선으로 둘러싸인 도형은 삼각형이나 사각형으로 분할할 수 없다. 이와 같은 도형의 넓이를 구하는 방법을 알아보자.

곡선 $y=x^2$, x축 및 직선 $x=1$로 둘러싸인 도형의 넓이를 구하여 보자.

구간 $[0, 1]$을 n등분하면 분할된 각 소구간의 길이는 $\frac{1}{n}$이며, 분할된 소구간의 x의 값을 차례로

$$0,\ \frac{1}{n},\ \frac{2}{n},\ \cdots,\ \frac{n-1}{n},\ \frac{n}{n}\,(=1)$$

이라 하면, x좌표에 대응하는 y의 값은 차례로 다음과 같다.

$$0,\ \left(\frac{1}{n}\right)^2,\ \left(\frac{2}{n}\right)^2,\ \cdots,\ \left(\frac{n-1}{n}\right)^2,\ \left(\frac{n}{n}\right)^2(=1)$$

오른쪽 그림의 색칠한 부분의 넓이의 합 S_n은

$$\begin{aligned} S_n &= \frac{1}{n}\left(\frac{1}{n}\right)^2 + \left(\frac{1}{n}\right)\left(\frac{2}{n}\right)^2 + \cdots + \frac{1}{n}\left(\frac{n-1}{n}\right)^2 \\ &= \frac{1}{n^3}\{1^2+2^2+\cdots+(n-1)^2\} \\ &= \frac{1}{6n^3}(n-1)n(2n-1) \end{aligned}$$

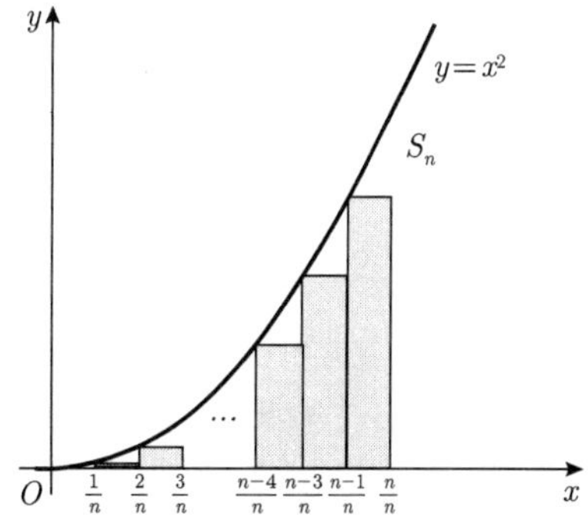

그림 5.1

구하는 도형의 넓이를 S라 하면 $S_n < S < S_n{}'$이므로

$$\lim_{n\to\infty} S_n \le S \le \lim_{n\to\infty} S_n{}'$$

그런데 $\lim_{n\to\infty} S_n = \lim_{n\to\infty} S_n{}' = \frac{1}{3}$ 이므로 구하는 넓이는 $S=\frac{1}{3}$ 이다.

이와 같이, 어떤 도형의 넓이 또는 부피를 구할 때, 주어진 도형을 세분하여 그 도형의 넓이나 부피의 합으로 근삿값을 구한 뒤에 그 근삿값의 극한값으로 도형의 넓이 또는 부피를 구하는 방법을 **구분구적법**이라고 한다.

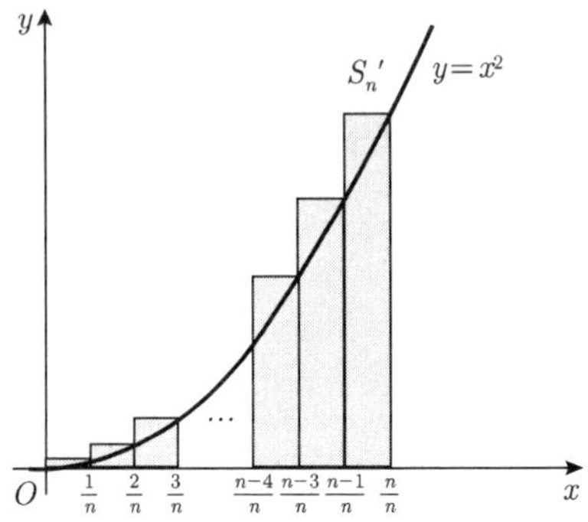

그림 5.2

문제 5.1 곡선 $y=x^3$ 과 x 축 및 직선 $x=1$ 로 둘러싸인 도형의 넓이를 구분구적법으로 구하여라.

■ 정적분

함수 $y=f(x)$ 가 폐구간 $[a, b]$ 에서 연속이고 $f(x)\ge 0$ 일 때, 두 직선 $x=a$, $x=b$ 와 x 축 및 곡선 $y=f(x)$ 로 둘러싸인 도형의 넓이 S 를 구분구적법으로 구하여 보자.

구간 $[a, b]$ 을 n 등분한 분점을 차례로

$$a=x_0,\ x_1,\ x_2,\ \cdots,\ x_{n-1},\ x_n=b$$

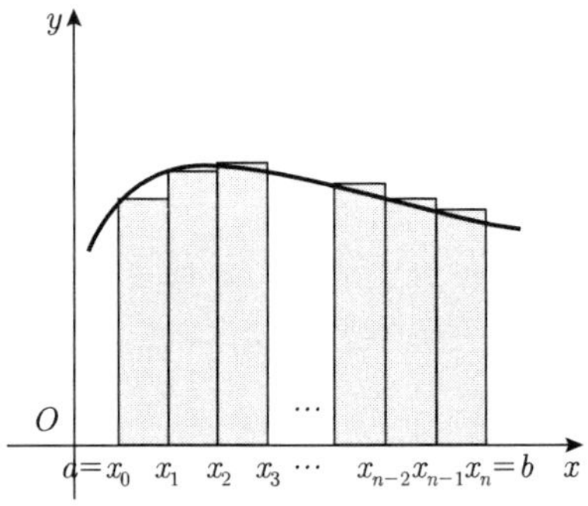

그림 5.3

이라 하면, 소구간의 길이를 $\triangle x$ 라 하면

$$\triangle x = \frac{b-a}{n}$$

이다. 그림과 같이 n 개의 직사각형을 만들고 이들 넓이의 합을 S_n 이라 하면

$$S_n = f(x_1)\triangle x + f(x_2)\triangle x + \cdots + f(x_n)\triangle x = \sum_{k=1}^{n} f(x_k)\triangle x$$

이므로, $n\to\infty$ 일 때, S_n 은 S 에 한없이 가까워진다. 즉,

$$S = \lim_{n\to\infty} S_n = \lim_{n\to\infty}\sum_{k=1}^{n} f(x_k)\triangle x$$

일반적으로, 함수 $y=f(x)$ 가 구간 $[a, b]$ 에서 연속일 때, 극한값 $\lim_{n\to\infty}\sum_{k=1}^{n} f(x_k)\triangle x$ 가

존재한다. 이 극한값을 함수 $f(x)$의 a에서 b까지의 **정적분**이라 하고, 기호로

$$\int_a^b f(x)\,dx$$

로 나타낸다. 이때 a와 b를 각각 정적분의 **아래끝**, **위끝**이라 하고, 정적분의 값을 구하는 것을 함수 $f(x)$를 $x=a$에서 $x=b$까지 **적분한다**고 한다.

이상을 정리하면 다음과 같다.

정리 5.1

함수 $y=f(x)$가 구간 $[a, b]$에서 연속일 때

$$\int_a^b f(x)\,dx = \lim_{n\to\infty}\sum_{k=1}^{n} f(x_k)\,\Delta x$$

$$\left(\text{단, } \Delta x = \frac{b-a}{n},\ x_k = a + k\,\Delta x\right)$$

주의 (1) 함수 $y=f(x)$가 구간 $[a, b]$에서 연속이고, 양, 음의 함숫값을 모두 가지면 정적분 $\int_a^b f(x)\,dx$는 x축 위쪽의 넓이에서 x축 아래쪽의 넓이를 뺀 값을 나타낸다. 즉,

$$\int_a^b f(x)\,dx = S_1 - S_2$$

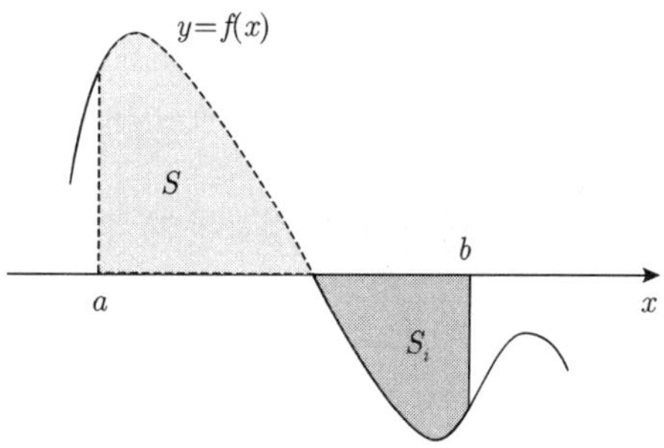

그림 5.4

(2) 정적분 $\int_a^b f(x)\,dx$의 값은 $f(x)$의 아래끝 a, 위끝 b에 의하여 정해지므로, 적분변수 x 대신 다른 문자를 사용하여 나타내어도 그 값은 변하지 않는다. 즉,

$$\int_a^b f(x)\,dx = \int_a^b f(y)\,dy = \int_a^b f(t)\,dt$$

예제 5.1 정적분의 정의에 의하여 정적분 $\int_0^2 (-x^2)\,dx$ 를 구하여라.

풀이 정적분의 정의에 의하여 $a=0$, $b=2$ 이므로

$$\triangle x = \frac{2-0}{n} = \frac{2}{n}, \quad x_k = 0 + k\triangle x = \frac{2k}{n}$$

또, $f(x) = -x^2$ 이므로

$$f(x_k) = -x_k^2 = -\left(\frac{2k}{n}\right)^2 = -\frac{4k^2}{n^2}$$

$$\begin{aligned}
\therefore \int_0^2 (-x^2)\,dx &= \lim_{n\to\infty}\sum_{k=1}^{n} f(x_k)\triangle x \\
&= \lim_{n\to\infty}\sum_{k=1}^{n}\left(-\frac{4k^2}{n^2}\right)\cdot\frac{2}{n} \\
&= \lim_{n\to\infty}\left(-\frac{8}{n^3}\right)\sum_{k=1}^{n} k^2 \\
&= \lim_{n\to\infty}\left(-\frac{8}{n^3}\right)\cdot\frac{n(n+1)(2n+1)}{6} = -\frac{8}{3}
\end{aligned}$$

문제 5.2 정적분의 정의에 의하여 다음 정적분을 구하여라.

(1) $\int_0^2 (-5x)\,dx$ (2) $\int_0^1 3x^2\,dx$

■ 정적분의 성질

정적분은 다음과 같은 성질을 갖는다.

정리 5.2

(1) $\int_a^b kf(x)dx = k\int_a^b f(x)\,dx$

(2) $\int_a^b \{f(x)+g(x)\}dx = \int_a^b f(x)\,dx + \int_a^b g(x)\,dx$, $a \le x \le b$

(3) $\int_a^a f(x)\,dx = 0$

(4) $a > b$일 때, $\int_a^b f(x)\,dx = -\int_b^a f(x)\,dx$

(5) 임의의 실수 a, b, c에 대하여

$$\int_a^b f(x)dx = \int_a^c f(x)\,dx + \int_c^b f(x)\,dx,\ a < c < b$$

증명 (1)
$$\begin{aligned}\int_a^b kf(x)dx &= \lim_{n\to\infty}\sum_{i=1}^{n} kf(x_i)\triangle x \\ &= k\lim_{n\to\infty}\sum_{i=1}^{n} f(x_i)\triangle x \\ &= k\int_a^b f(x)\,dx\end{aligned}$$

(2)
$$\begin{aligned}\int_a^b \{f(x)+g(x)\}dx &= \lim_{n\to\infty}\sum_{i=1}^{n}\{f(x_i)+g(x_i)\}\triangle x \\ &= \lim_{n\to\infty}\left[\sum_{i=1}^{n} f(x_i)\triangle x + \sum_{i=1}^{n} g(x_i)\triangle x\right] \\ &= \lim_{n\to\infty}\sum_{i=1}^{n} f(x_i)\triangle x + \lim_{n\to\infty}\sum_{i=1}^{n} g(x_i)\triangle x \\ &= \int_a^b f(x)\,dx + \int_a^b g(x)\,dx\end{aligned}$$

(5) $a < c < b$인 경우를 증명하면, 나머지 경우는 정의의 확장을 이용하여 쉽게 증명할 수 있다. c를 하나의 분점 x_m으로 하는 $[a, b]$의 한 분할

$$a = x_0,\ x_1,\ x_2,\ \cdots,\ x_m = c,\ \cdots,\ x_{n-1},\ x_n = b$$

에서

$$\sum_{i=1}^{n} f(x_i)\triangle x = \sum_{i=1}^{m} f(x_i)\triangle x + \sum_{i=m+1}^{n} f(x_i)\triangle x$$

로 나타낼 수 있다. 따라서

$$\begin{aligned}\int_a^b f(x)dx &= \lim_{n\to\infty}\sum_{i=1}^{n} f(x_i)\triangle x \\ &= \lim_{n\to\infty}\left\{\sum_{i=1}^{m} f(x_i)\triangle x + \sum_{i=m+1}^{n} f(x_i)\triangle x\right\} \\ &= \int_a^c f(x)\,dx + \int_c^b f(x)\,dx\end{aligned}$$ ◀

정적분의 기본정리와 중간값 정리를 사용하여 다음과 같은 **적분에 관한 평균값정리**를 얻을 수 있다.

정리 5.3

$f(x)$는 $[a, b]$에서 연속이면

$$\int_a^b f(x)\,dx = f(c)(b-a)\ ,\quad a \le c \le b$$

가 되는 c가 존재한다.

증명 함수 $y = f(x)$가 구간 $[a, b]$에서 연속이고 $f(x) \ge 0$이라고 하자.
$f(x)$는 $[a, b]$에서 연속이므로 최댓값, 최솟값을 가지므로 각각 M, m이라 하면 $m \le f(x) \le M$이므로

$$m(b-a) \le \int_a^b f(x)\,dx \le M(b-a)$$

$$m \le \frac{1}{b-a}\int_a^b f(x)\,dx \le M$$

중간값의 정리에 의해

$$\frac{1}{b-a}\int_a^b f(x)\,dx = f(c)\ ,\quad a \le c \le b$$

가 되는 c가 존재한다. ◀

■ 정적분과 부정적분과의 관계

정적분과 미분과의 관계를 알아보자.

정리 5.4

함수 $y = f(x)$가 구간 $[a, b]$에서 연속이고 $S(x) = \int_a^x f(t)\,dt\quad (a \le x \le b)$이면

(1) $\frac{d}{dx}S(x) = f(x)$

(2) $\int_a^b f(x)\,dx = [F(x)]_a^b = F(b) - F(a)$ (여기서, $F(x)$는 $f(x)$의 한 부정적분)

증명 (1) $S(x+h)-S(x)=\int_a^{x+h} f(t)dt - \int_a^x f(t)dt$

$$= \int_x^{x+h} f(t)dt$$

$$= f(c)h \quad (x<c<x+h) \qquad \text{(정리 5.2에 의하여)}$$

이 성립하며, 따라서

$$\lim_{h\to 0}\frac{S(x+h)-S(x)}{h} = \lim_{h\to 0} f(c) = \lim_{c\to x} f(c) = f(x)$$

가 성립한다.

(2) 함수 $S(x)=\int_a^x f(t)\,dt$ 의 양변을 x에 대하여 미분하면 $S'(x)=f(x)$ 이므로 $S(x)$는 $f(x)$의 부정적분이다. 따라서 $f(x)$의 한 부정적분을 $F(x)$라 하면

$$S(x)=F(x)+C \qquad (\text{단, } C\text{는 적분상수})$$

그런데 $x=a$이면 $S(a)=0$ 이므로 $S(a)=F(a)+C=0$, 즉 $C=-F(a)$. 따라서

$$S(x)=F(x)-F(a)$$

이 식의 양변에 $x=b$를 대입하고, 적분변수 t를 x로 바꾸면

$$\int_a^b f(x)\,dx = F(b)-F(a)$$

이때, $F(b)-F(a)$ 를 $[F(x)]_a^b$ 와 같이 나타낸다. ◀

주의 $[F(x)+C]_a^b=\{F(b)+C\}-\{F(a)+C\}=F(b)-F(a)=[F(x)]_a^b$이므로 정적분을 구할 때에는 부정적분의 적분상수는 고려하지 않아도 된다.

예제 5.2 다음 정적분을 구하여라.

(1) $\int_1^2 (5x^4-2x)\,dx$ (2) $\int_{-1}^0 (x^2-2x+3)\,dx + \int_0^1 (x^2-2x+3)\,dx$

풀이 (1) $\int_1^2 (5x^4-2x)\,dx = [x^5-x^2]_1^2 = (32-4)-(1-1) = 28$

(2) $\int_{-1}^0 (x^2-2x+3)\,dx + \int_0^1 (x^2-2x+3)\,dx = \int_{-1}^1 (x^2-2x+3)dx$

$$= \left[\frac{1}{3}x^3 - x^2 + 3x\right]_{-1}^1$$

$$= \frac{20}{3}$$

문제 5.3 다음 정적분을 구하여라.

(1) $\int_{-2}^2 (1-2x)\,dx$

(2) $\int_{-3}^{-1} (x^3-x)\,dx$

(3) $\int_0^2 (2x^2+3)\,dx$

(4) $\int_{-1}^2 (-x^2+2x+1)\,dx$

예제 5.3 다음 정적분을 구하여라.

(1) $\int_1^4 \sqrt{x}\,dx$

(2) $\int_0^{\frac{\pi}{2}} (\sin 2x + \cos x)dx$

풀이 (1) $\int_1^4 \sqrt{x}\,dx = \left[\frac{2}{3}x\sqrt{x}\right]_1^4 = \frac{2}{3}(8-1) = \frac{14}{3}$

(2) $\int_0^{\frac{\pi}{2}} (\sin 2x + \cos x)dx = \left[-\frac{1}{2}\cos 2x + \sin x\right]_0^{\frac{\pi}{2}} = 2$

문제 5.4 다음 정적분을 구하여라.

(1) $\int_0^1 \sqrt[3]{x}\,dx$

(2) $\int_1^2 \left(x+\frac{1}{x}\right)^2 dx$

(3) $\int_0^{\frac{\pi}{2}} (4\sin x - 3\cos x)\,dx$

(4) $\int_{-1}^1 (e^x - e^{-x})\,dx$

5.2 정적분의 계산

■ 치환적분법

치환적분법을 이용하여 정적분의 값을 구하여 보자.

정리 5.5

함수 $x=g(t)$가 미분가능하고 $a=g(\alpha)$, $b=g(\beta)$ 일 때,

$$\int_a^b f(x)\,dx = \int_\alpha^\beta f(g(t))g'(t)\,dt$$

증명 부정적분의 치환적분법에서 함수 $x=g(t)$가 미분가능할 때

$$\int f(x)dx = \int f(g(t))g'(t)\,dt$$

이므로 $F(x)=\int f(x)\,dx$ 로 놓으면

$$\int_a^b f(x)dx = F(b)-F(a)$$

여기서, 함수 $x=g(t)$는 t가 α부터 β까지 변할 때 이에 대응하는 x는 a부터 b까지 변한다. 즉, $a=g(\alpha)$, $b=g(\beta)$이므로

$$\begin{aligned}\int_\alpha^\beta f(g(t))g'(t)\,dt &= [\,F(g(t))]_\alpha^\beta \\ &= F(g(\beta))-F(g(\alpha)) \\ &= F(b)-F(a)\end{aligned}$$

따라서

$$\int_a^b f(x)dx = \int_\alpha^\beta f(g(t))g'(t)\,dt$$ ◀

예제 5.4 다음 정적분을 구하여라.

(1) $\int_0^1 (2x+1)^3\,dx$　　　(2) $\int_1^2 x\sqrt{x-1}\,dx$

풀이 (1) $t=2x+1$ 라 놓으면, $dt=2\,dx$ 이고

$$x=0 \text{ 일 때 } t=1$$
$$x=1 \text{ 일 때 } t=3$$

$$\therefore \int_0^1 (2x+1)^3\,dx = \int_1^3 \frac{1}{2}t^3\,dt = \left[\frac{1}{8}t^4\right]_1^3 = 10$$

(2) $t=\sqrt{x-1}$ 라 놓으면, $x=t^2+1$ 이므로 $dx=2t\,dt$ 이고

$$x=1 \text{ 일 때 } t=0$$
$$x=2 \text{ 일 때 } t=1$$

$$\therefore \int_1^2 x\sqrt{x-1}\,dx = \int_0^1 (t^2+1)\,t\,(2t)\,dt$$
$$= 2\int_0^1 (t^4+t^2)\,dt = 2\left[\frac{t^5}{5}+\frac{t^3}{3}\right]_0^1 = \frac{16}{15}$$

문제 5.5 다음 정적분을 구하여라.

(1) $\int_1^2 (-x+3)^5\,dx$

(2) $\int_0^2 x\sqrt{x^2+1}\,dx$

(3) $\int_0^3 x\sqrt{4-x}\,dx$

(4) $\int_1^2 \frac{x}{1+x^2}\,dx$

예제 5.5 정적분 $\int_0^{\frac{\pi}{2}} \cos^3 x \sin x\,dx$를 구하여라.

풀이 $t=\cos x$라 놓으면 $dt=-\sin x\,dx$

$$x=0 \text{ 일 때, } t=1$$
$$x=\frac{\pi}{2} \text{ 일 때, } t=0$$

$$\therefore \int_0^{\frac{\pi}{2}} \cos^3 x \sin x\,dx = \int_0^1 t^3\,dt = \left[\frac{1}{4}t^4\right]_0^1 = \frac{1}{4}$$

문제 5.6 다음 정적분을 구하여라.

(1) $\displaystyle\int_1^2 x e^{x^2}\, dx$ (2) $\displaystyle\int_0^{\frac{\pi}{2}} \frac{\sin x}{1+\cos x}\, dx$

(3) $\displaystyle\int_0^1 \sqrt{1-x^2}\, dx$ (4) $\displaystyle\int_0^2 \frac{1}{x^2+4}\, dx$

■ 부분적분법

부분적분법을 이용하여 정적분의 값을 구하여 보자.

정리 5.6

$$\int_a^b f(x)\, g'(x)\, dx = [\, f(x)\, g(x)\,]_a^b - \int_a^b f'(x) g(x)\, dx$$

증명 두 함수의 곱의 미분법에서

$$\{f(x)g(x)\}' = f'(x)g(x) + f(x)g'(x)$$

이므로 $f(x)g(x)$는 $f'(x)g(x)+f(x)g'(x)$의 부정적분의 하나이다.

$$\therefore \int_a^b \{f'(x)g(x)+f(x)g'(x)\}\, dx = [f(x)g(x)]_a^b$$

그런데

$$\int_a^b \{f'(x)g(x)+f(x)g'(x)\}\, dx = \int_a^b f'(x)g(x)\, dx + \int_a^b f(x)g'(x)\, dx$$

이므로

$$\int_a^b f(x)\, g'(x)\, dx = [\, f(x)\, g(x)\,]_a^b - \int_a^b f'(x) g(x)\, dx$$ ◀

예제 5.6 다음 정적분을 구하여라.

(1) $\displaystyle\int_0^1 xe^x\, dx$ (2) $\displaystyle\int_0^{\frac{\pi}{2}} x\cos x\, dx$

풀이 (1) $\displaystyle\int_0^1 xe^x\, dx = [xe^x]_0^1 - \int_0^1 1\cdot e^x\, dx$

$$= e - \left[e^{x}\right]_{0}^{1} = 1$$

(2) $$\int_{0}^{\frac{\pi}{2}} x\cos x \, dx = \left[x\sin x\right]_{0}^{\frac{\pi}{2}} - \int_{0}^{\frac{\pi}{2}} \sin x \, dx$$

$$= \frac{\pi}{2} - \left[-\cos x\right]_{0}^{\frac{\pi}{2}} = \frac{\pi}{2} - 1$$

문제 5.7 다음 정적분을 구하여라.

(1) $\int_{0}^{1} xe^{-x} \, dx$

(2) $\int_{1}^{e} x\ln x \, dx$

(3) $\int_{0}^{\frac{\pi}{2}} x\sin x \, dx$

(4) $\int_{1}^{e} x^{2}\ln x \, dx$

5.3 정적분의 활용

■ 넓이

이 절에서는 정적분을 이용하여 함수에 의해 둘러싸인 영역의 넓이를 구하는 방법을 알아본다.

정리 5.7

함수 $y=f(x)$가 폐구간 $[a, b]$에서 연속일 때, 곡선 $y=f(x)$와 $x=a$, $x=b$ 및 x축으로 둘러싸인 도형의 넓이 S는

$$S=\int_a^b |f(x)|\,dx$$

증명 함수 $y=f(x)$가 구간 $[a, b]$에서 연속일 때, 곡선 $y=f(x)$와 두 직선 $x=a$, $x=b$ 및 x축으로 둘러싸인 도형의 넓이 S는 다음과 같다.

(i) $f(x)\ge 0$이면

$$S=\int_a^b f(x)\,dx$$

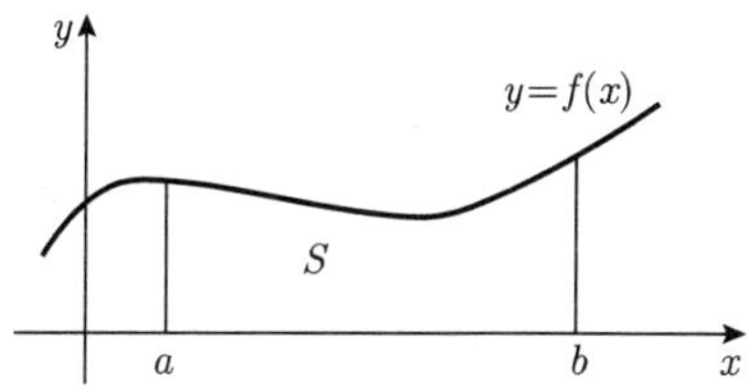

그림 5.5

(ii) $f(x)\le 0$이면 $-f(x)\ge 0$이므로

$$S=\int_a^b \{-f(x)\}\,dx$$
$$=-\int_a^b f(x)\,dx$$

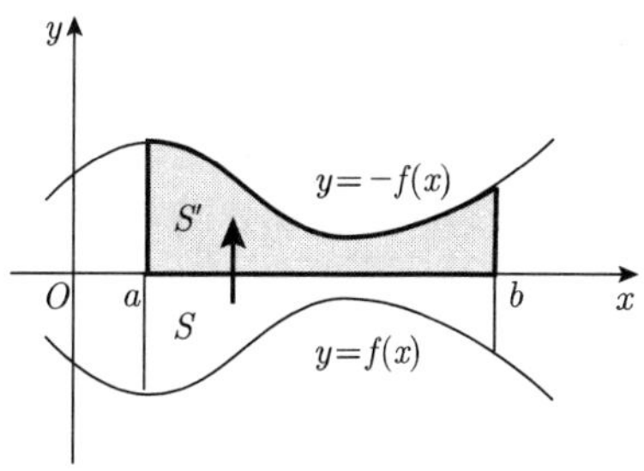

그림 5.6

따라서

$$S=\int_a^b |f(x)|\,dx$$

◀

예제 5.7 곡선 $y=x^2-4$와 x축으로 둘러싸인 도형의 넓이를 구하여라.

풀이 곡선 $y=x^2-4$와 x축과의 교점의 x좌표는 $x^2-4=0$에서 $x=-2, 2$이다. 그런데 구간 $[-2, 2]$에서 $x^2-4\le 0$이므로, 구하는 도형의 넓이를 S라 하면

$$S=-\int_{-2}^{2}(x^2-4)dx$$
$$=-2\int_{0}^{2}(x^2-4)dx$$
$$=-2\left[\frac{1}{3}x^3-4x\right]_0^2=\frac{32}{3}$$

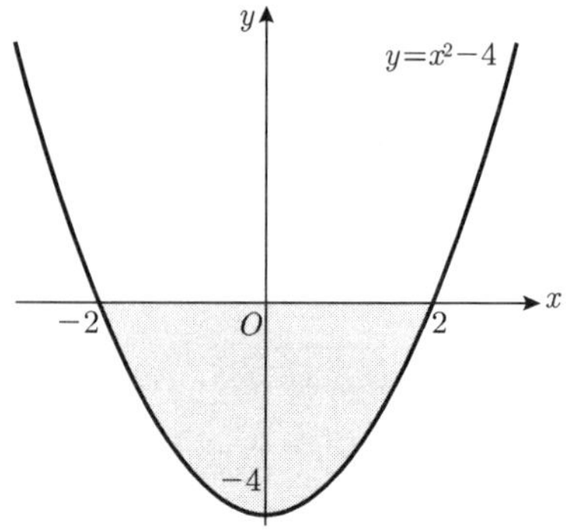

그림 5.7

문제 5.8 구간 $[0, 2]$에서 곡선 $y=x^2-2x$와 x축으로 둘러싸인 도형의 넓이를 구하여라.

예제 5.8 곡선 $y=x^3-x^2-2x$와 x축으로 둘러싸인 도형의 넓이를 구하여라.

풀이 $x^3-x^2-2x=x(x+1)(x-2)$이므로 곡선과 x축과의 교점의 x좌표

$$x=-1,\ 0,\ 2$$
$$-1\le x\le 0\text{일 때, } y\ge 0$$
$$0\le x\le 2\text{일 때, } y\le 0$$

따라서 구하는 도형의 넓이 S는

$$S=\int_{-1}^{0}(x^3-x^2-2x)dx-\int_{0}^{2}(x^3-x^2-2x)dx$$
$$=\left[\frac{x^4}{4}-\frac{x^3}{3}-x^2\right]_{-1}^{0}-\left[\frac{x^4}{4}-\frac{x^3}{3}-x^2\right]_0^2=\frac{37}{12}$$

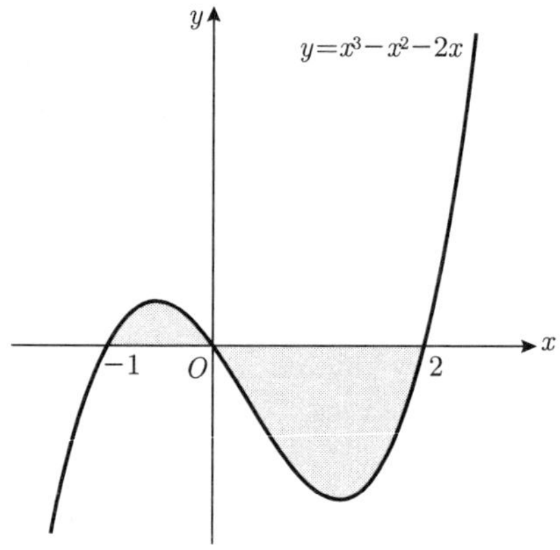

그림 5.8

문제 5.9 다음 곡선과 직선으로 둘러싸인 도형의 넓이를 구하여라.

(1) $y=x^2-4x+3$, x축 (2) $y=x^3-3x^2-x+3$, x축

(3) $y=|x-3|$, x축, $x=0$, $x=5$ (4) $y=\frac{1}{2}x^3-\frac{3}{2}x^2$, x축, $x=4$

두 연속함수 $y=f(x)$와 $y=g(x)$와 두 직선 $x=a$, $x=b$로 둘러싸인 도형의 넓이를 구하여 보자.

(i) 폐구간 $[a, b]$에서 $f(x)\geq g(x)\geq 0$인 경우: 오른쪽 그림에서 넓이 S는 다음과 같다.

$$S=\int_a^b f(x)\,dx-\int_a^b g(x)\,dx$$
$$=\int_a^b \{f(x)-g(x)\}\,dx$$

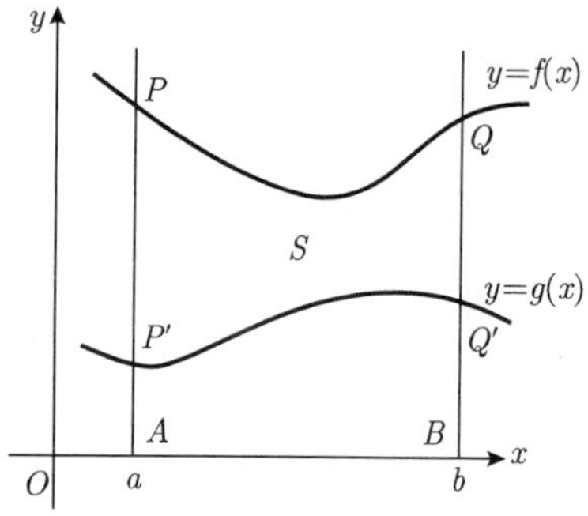

그림 5.9

(ii) 폐구간 $[a, b]$에서 $f(x)\geq g(x)$이고 $f(x)$ 또는 $g(x)$가 음의 값을 가질 경우: 오른쪽 그림과 같이 두 곡선을 y축의 양의 방향으로 k만큼 평행이동하여

$$0\leq g(x)+k\leq f(x)+k$$

이 되도록 한다.

이때, 평행이동한 도형의 넓이는 변함이 없으므로 넓이 S는 다음과 같다.

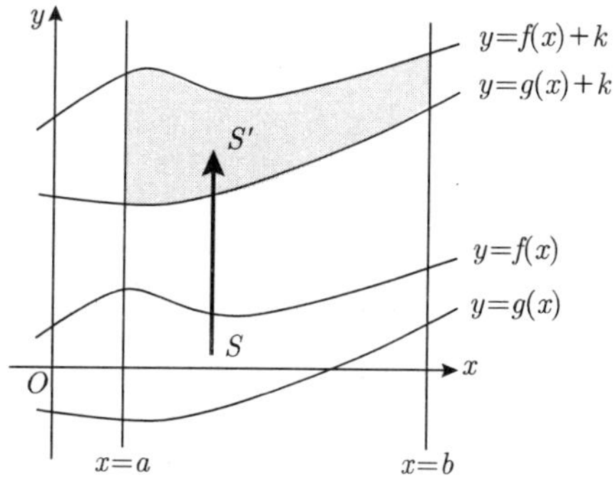

그림 5.10

$$S=\int_a^b [\{f(x)+k\}-\{g(x)+k\}]\,dx$$
$$=\int_a^b \{f(x)-g(x)\}\,dx$$

일반적으로, 구간 $[a, b]$에서 $f(x)\geq g(x)$일 때, 두 곡선 $y=f(x)$, $y=g(x)$와 두 직선 $x=a$, $x=b$로 둘러싸인 도형의 넓이 S는 다음과 같다.

$$S=\int_a^b \{f(x)-g(x)\}\,dx$$

예제 5.9 곡선 $y=x^2-x-2$ 와 직선 $y=x+1$ 로 둘러싸인 도형의 넓이를 구하여라.

풀이 곡선과 직선의 교점의 x 좌표는 $x=-1,\ 3$

$-1 \le x \le 3$ 에서는 $x+1 \ge x^2-x-2$

$$\therefore\ S=\int_{-1}^{3}\{(x+1)-(x^2-x-2)\}dx$$

$$=\int_{-1}^{3}(-x^2+2x+3)\,dx=\frac{32}{3}$$

문제 5.10 다음 두 함수의 그래프로 둘러싸인 도형의 넓이를 구하여라.

(1) $y=x^2+3x$, $y=x+3$

(2) $y=x^2-1$, $y=-x^2+2x+3$

(3) $y=x^2-1$, $y=-x^2+1$

(4) $y=x^3-3x$, $y=x$

한편, y 의 구간 $[c, d]$ 에서 함수 $g(y) \le f(y)$ 일 때, 두 곡선 $x=f(y)$, $x=g(y)$ 와 두 직선 $y=c$, $y=d$ 로 둘러싸인 도형의 넓이 S 는 다음과 같다.

$$S=\int_{c}^{d}\{f(y)-g(y)\}\,dy$$

예제 5.10 곡선 $y^2=x$ 와 직선 $y=x-2$ 로 둘러싸인 도형의 넓이를 구하여라.

풀이 두 곡선의 교점의 y 좌표를 구하기 위해 $y=x-2$ 에 $x=y^2$ 을 대입하면 $y=y^2-2$ 이므로 교점의 y 좌표는 $y=-1,\ 2$ 이다.

$$\therefore\ S=\int_{-1}^{2}(y+2-y^2)dy$$

$$=\left[\frac{1}{2}y^2+2y-\frac{1}{3}y^3\right]_{-1}^{2}=\frac{9}{2}$$

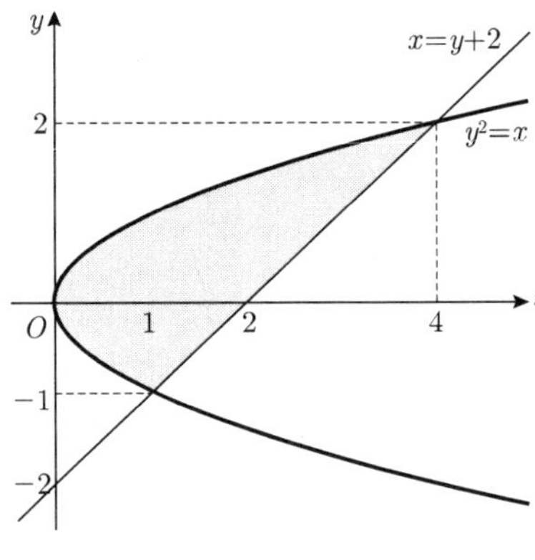

그림 5.11

문제 5.11 다음 두 함수의 그래프로 둘러싸인 도형의 넓이를 구하여라.

(1) $y=\sqrt{x}$, $y=x$　　　　(2) $x=4-y^2$, $y=\frac{1}{3}x$

(3) $y=x-1$, $y^2=2x+6$　　　　(4) $y^2=-4x$, $y=2x+4$

■ 입체의 부피

다음 그림에서, 넓이 함수가 $A(x)$일 때 두 평면 $A(a)$, $A(b)$ 사이에 있는 입체 S의 부피 V는

$$V=\int_a^b A(x)dx$$

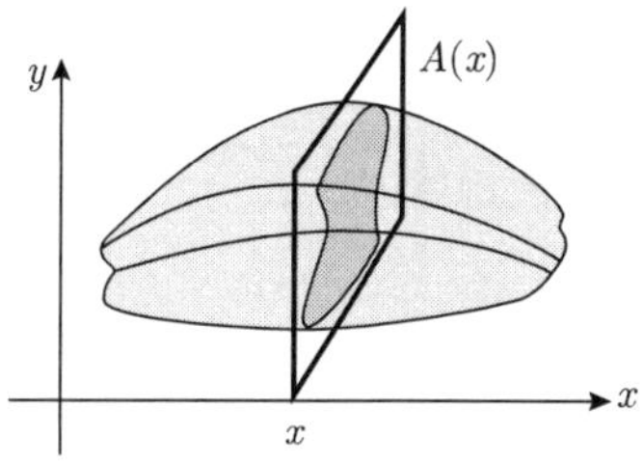

그림 5.12

예제 5.11 반지름의 길이가 r인 구의 부피는 $V=\frac{4}{3}\pi r^3$임을 알아보자.

풀이 그림과 같이 구의 중심이 원점에 오도록 하면, 넓이 함수 $A(x)$는 반지름의 길이가 $y=\sqrt{r^2-x^2}$인 원의 넓이이므로

$$A(x)=\pi y^2=\pi(r^2-x^2) \text{ (단, } -r\leq x\leq r)$$

$$\therefore V=\int_{-r}^{r}A(x)dx=\pi\int_{-r}^{r}(r^2-x^2)dx$$

$$=\pi\left[r^2x-\frac{1}{3}x^3\right]_{-r}^{r}=\frac{4}{3}\pi r^3$$

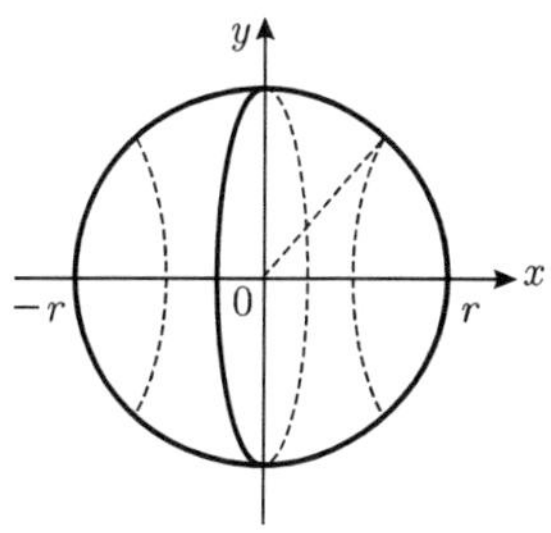

그림 5.13

예제 5.12 곡선 $y=1-x^2$ $(-1\leq x\leq 1)$과 x축으로 둘러싸인 부분을 y축의 둘레로 회전시켰을 때 생기는 회전체의 부피 V를 구하여라.

풀이 넓이함수 $A(y)$는 반지름의 길이가 $x=\sqrt{1-y}$인 원의 넓이이므로

$$A(y)=\pi x^2=\pi(1-y) \text{ (단, } 0\leq y\leq 1)$$

$$\therefore V=\int_0^1 A(y)dy=\pi\int_0^1(1-y)dy$$

$$=\pi\left[y-\frac{y^2}{2}\right]_0^1=\frac{\pi}{2}$$

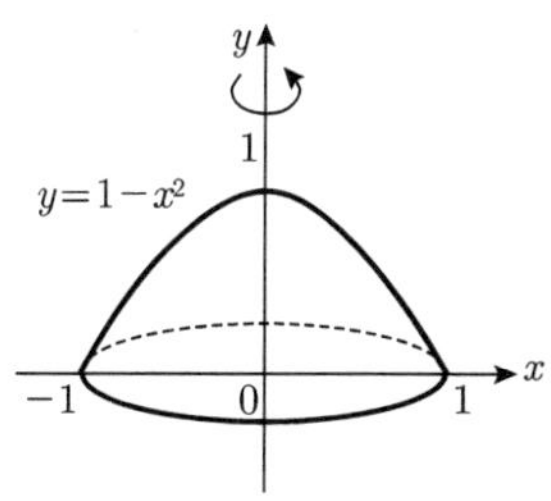

그림 5.14

예제 5.13 두 곡선 $y = x^2$, $y = x$로 둘러싸인 영역 R을 다음 직선의 둘레로 회전하였을 때 회전체의 부피를 각각 구하여라.

(1) x축　　　(2) $y = 2$　　　(3) $x = -1$

풀이

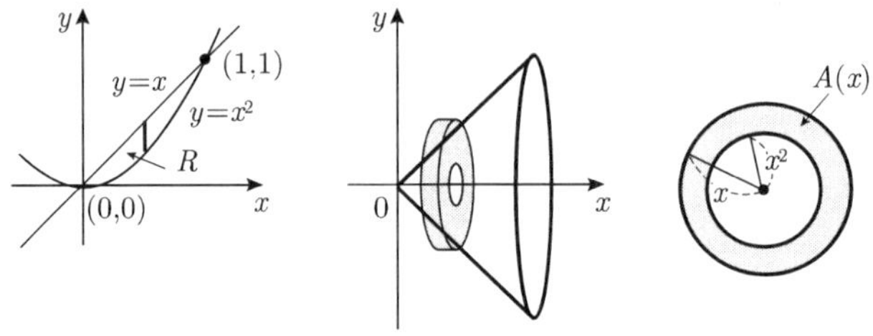

(a)　　(b)　　(c)

그림 5.15

그림에서 넓이 함수 $A(x)$는

$$A(x) = \pi x^2 - \pi x^4 \ (\text{단}, 0 \leqq x \leqq 1)$$

$$\therefore \ V = \int_0^1 A(x)dx = \pi \int_0^1 (x^2 - x^4)dx$$

$$= \pi\left[\frac{1}{3}x^3 - \frac{1}{5}x^5\right]_0^1 = \frac{2}{15}\pi$$

(2) 아래 그림에서 넓이 함수 $A(x)$는

$$A(x) = \pi(2 - x^2)^2 - \pi(2 - x)^2 = \pi(x^4 - 5x^2 + 4x) \ (\text{단}, 0 \leqq x \leqq 1)$$

$$\therefore \ V = \int_0^1 A(x)dx = \pi \int_0^1 (x^4 - 5x^2 + 4x)dx$$

$$= \pi\left[\frac{1}{5}x^5 - \frac{5}{3}x^3 + 2x^2\right]_0^1 = \frac{8}{15}\pi$$

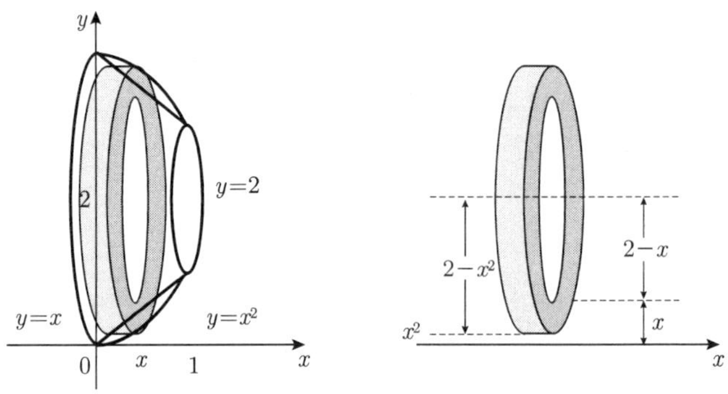

그림 5.16

(3) 아래 그림에서, 넓이 함수 $A(y)$는

$$A(y)=\pi(1+\sqrt{y})^2-\pi(1+y)^2=\pi(2\sqrt{y}-y-y^2)\ (\text{단}, 0\leq y\leq 1)$$

$$\therefore\ V=\int_0^1 A(y)dy=\pi\int_0^1(2\sqrt{y}-y-y^2)dy$$

$$=\pi\left[\frac{4}{3}y^{\frac{3}{2}}-\frac{1}{2}y^2-\frac{1}{3}y^3\right]_0^1=\frac{\pi}{2}$$

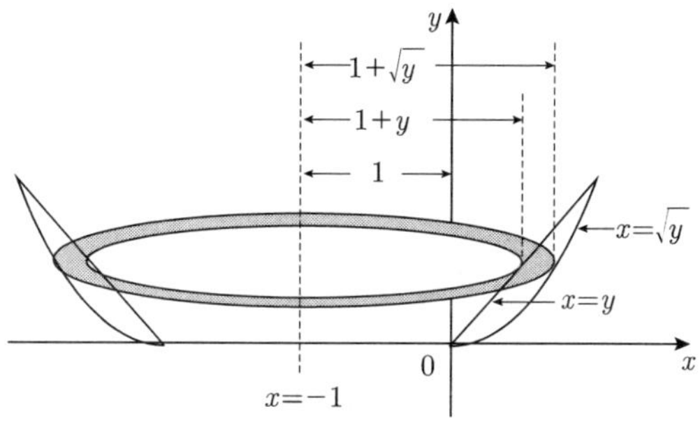

그림 5.17

문제 5.12 다음 주어진 곡선으로 둘러싸인 영역을 주어진 축의 둘레로 회전시켰을 때 생기는 입체의 부피를 각각 구하여라.

(1) $x+y=1,\ x=0,\ y=0$; x축

(2) $y=x^2,\ y=4,\ x=0,\ x=2$; y축

(3) $y=x+2,\ x=2,\ x=-2$; x축

(4) $y=\frac{1}{4}x^2,\ y=0,\ y=4$; y축

■ 곡선의 길이

우리는 직선의 길이는 쉽게 구할 수 있다. 하지만 곡선의 길이는 어떻게 구할 수 있을까? 다음은 정적분을 이용하여 곡선의 길이를 구하는 방법을 알아보자.

정리 5.8

f'이 $[a, b]$에서 연속이면, 곡선 $y=f(x)$, $a\leq x\leq b$의 길이 L은

$$L=\int_a^b\sqrt{1+\{f'(x)\}^2}\,dx$$

증명 다음 그림은 폐구간 $[a, b]$에서 연속인 함수 $y=f(x)$의 그래프이다. 이때, 임의의 분할

$$a=x_0<x_1<x_2<\cdots<x_n=b$$

에 대하여 곡선 위의 점$(x_i, f(x_i))$를 P_i라고 하면 $L=\lim_{n\to\infty}\sum_{i=1}^{n}\overline{P_{i-1}P_i}$ 은 곡선 $y=f(x)$의 $a\leq x\leq b$인 부분의 길이가 된다.

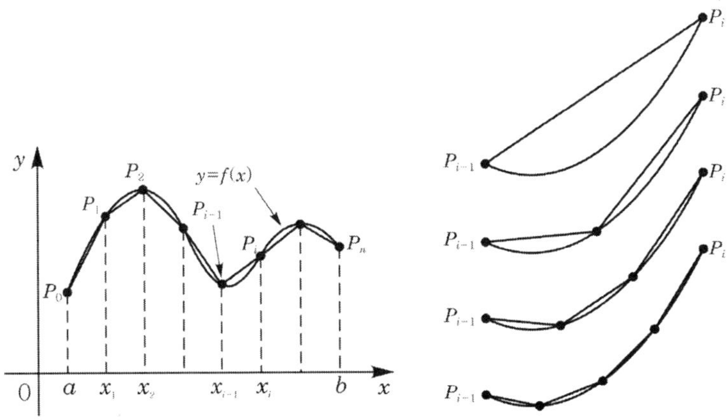

그림 5.18

선분의 길이

$$\overline{P_{i-1}P_i}=\sqrt{(x_i-x_{i-1})^2+(y_i-y_{i-1})^2}$$
$$=\sqrt{(\Delta x_i)^2+(\Delta y_i)^2}$$

여기서 $f'(x)$가 연속이면 평균값정리에서 $\dfrac{\Delta y_i}{\Delta x_i}=f'(x_i^*)$인 점 $x_i^*(x_{i-1}<x_i^*<x_i)$가 존재하므로

$$\overline{P_{i-1}P_i}=\sqrt{(\Delta x_i)^2+\{f'(x_i^*)\Delta x_i\}^2}$$
$$=\sqrt{1+\{f'(x_i^*)\}^2}\,\Delta x_i$$
$$\therefore L=\lim_{n\to\infty}\sum_{i=1}^{n}\sqrt{1+\{f'(x_i^*)\}^2}\,\Delta x_i$$
$$=\int_a^b\sqrt{1+\{f'(x)\}^2}\,dx$$ ◀

예제 5.14 구간 $[0, 3]$에서 곡선 $y=\frac{2}{3}x^{\frac{3}{2}}$의 길이 L을 구하여라.

풀이 $y'=\sqrt{x}$ 이므로 $\sqrt{1+(y')^2}=\sqrt{1+x}$

$$\begin{aligned}\therefore L &= \int_0^3 \sqrt{1+x}\,dx \\ &= \left[\frac{2}{3}(1+x)^{\frac{3}{2}}\right]_0^3 \\ &= \frac{14}{3}\end{aligned}$$

예제 5.15 구간 $\left[0, \frac{\pi}{4}\right]$에서 곡선 $y=\ln(\sec x)$의 길이 L을 구하여라.

풀이 $y'=\frac{\sec x \tan x}{\sec x}=\tan x$ 이므로 $\sqrt{1+(y')^2}=\sqrt{\sec^2 x}=\sec x$

$$\begin{aligned}\therefore L &= \int_0^{\frac{\pi}{4}} \sec x\,dx \\ &= [\ln(\sec x+\tan x)]_0^{\frac{\pi}{4}} \\ &= \ln(\sqrt{2}+1)-\ln(1+0) \\ &= \ln(\sqrt{2}+1)\end{aligned}$$

•문제 5.13 주어진 곡선의 길이를 구하여라.

(1) $y=2x+1,\ -1\le x\le 3$

(2) $y=\sqrt{4-x^2},\ 0\le x\le 2$

(3) $y=\frac{1}{3}(x^2+2)^{\frac{3}{2}},\ 0\le x\le 1$

(4) $y=\ln(\cos x),\ 0\le x\le \frac{\pi}{4}$

연습문제

1. 다음 정적분을 구하여라.

(1) $\displaystyle\int_0^2 \frac{1}{\sqrt{2x+1}}\,dx$

(2) $\displaystyle\int_0^1 xe^{1-x^2}\,dx$

(3) $\displaystyle\int_0^{\frac{\pi}{2}} \frac{\sin^3 x}{1+\cos x}\,dx$

(4) $\displaystyle\int_0^{\frac{1}{2}} \frac{x^2}{\sqrt{1-x^2}}\,dx$

(5) $\displaystyle\int_0^1 \frac{1}{\sqrt{4-x^2}}\,dx$

(6) $\displaystyle\int_0^1 \frac{1}{\sqrt{1+x^2}}\,dx$

2. 다음 정적분을 구하여라.

(1) $\displaystyle\int_1^e \frac{\ln x}{x^2}\,dx$

(2) $\displaystyle\int_0^1 x^2 e^{-x}\,dx$

(3) $\displaystyle\int_0^{\frac{\pi}{2}} x\cos 2x\,dx$

(4) $\displaystyle\int_0^{\pi} x^2 \sin x\,dx$

(5) $\displaystyle\int_0^{\frac{\pi}{2}} e^x \cos x\,dx$

(6) $\displaystyle\int_0^1 \tan^{-1} x\,dx$

3. 주어진 곡선으로 둘러싸인 영역을 그림으로 나타내고 그 면적을 구하여라.

(1) $y = x$, $y = x^3$

(2) $y = x^2$, $y^2 = x$

(3) $y^2 = x$, $x - 2y = 3$

(4) $y^2 = 2 - x$, $y = -x$

4. 주어진 곡선으로 둘러싸인 영역을 주어진 축의 둘레로 회전시켰을 때 생기는 입체의 부피를 구하여라.

(1) $y = x^2$, $x = 1$, $y = 0$; x축

(2) $y^2 = x$, $x = 2y$; y축

(3) $y = x^2$, $y^2 = x$; x축

(4) $y = x^4$, $y = 1$; $y = 2$

5. 주어진 곡선의 길이를 구하여라.

(1) $y = \dfrac{x^3}{6} + \dfrac{1}{2x}$, $1 \le x \le 2$

(2) $y = \dfrac{x^4}{4} + \dfrac{1}{8x^2}$, $1 \le x \le 3$

(3) $y = \ln(\sin x)$, $\dfrac{\pi}{6} \le x \le \dfrac{\pi}{3}$

(4) $y = \ln(1 - x^2)$, $0 \le x \le \dfrac{1}{2}$

찾아보기

|ㅈ|

|ㅊ|

|ㅍ|

|기타|

미분적분학

지은이 김문희 · 최언숙
펴낸이 조경희
펴낸곳 경문사
펴낸날 2017년 3월 2일 1판 1쇄
등 록 1979년 11월 9일 제 313-1979-23호
주 소 04057, 서울특별시 마포구 와우산로 174
전 화 (02)332-2004 팩스 (02)336-5193
이메일 kyungmoon@kyungmoon.com
facebook facebook.com/kyungmoonsa

값 18,000원

ISBN 979-11-6073-032-6